この本の特色としくみ

本書は，中学1年のすべての内容を3段階のレベルに分け，集です。各単元は，Step1（基本問題）とStep2（標準問題）の順になってい　　　　　す。また，巻末には「総仕上げテスト」を設けているため，総合的な実力を砌

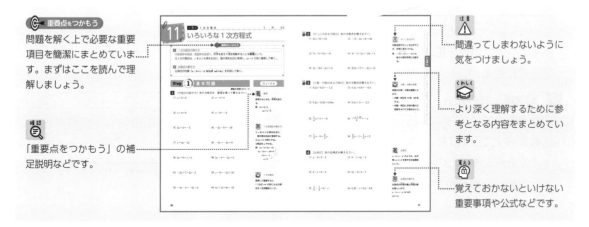

重要点をつかもう
問題を解く上で必要な重要項目を簡潔にまとめています。まずはここを読んで理解しましょう。

確認
「重要点をつかもう」の補足説明などです。

注意
間違ってしまわないように気をつけましょう。

くわしく
より深く理解するために参考となる内容をまとめています。

覚えよ
覚えておかないといけない重要事項や公式などです。

もくじ

本書に関する最新情報は，小社ホームページにある**本書の「サポート情報」**をご覧ください。（開設していない場合もございます。）なお，この本の内容についての責任は小社にあり，内容に関するご質問は直接小社におよせください。

正 負 の 数

重要点をつかもう

1 正の数・負の数

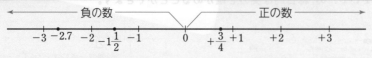

← 負の数 ———— 正の数 →

-3 -2.7 -2 $-1\frac{1}{2}$ -1 0 $+\frac{3}{4}$ $+1$ $+2$ $+3$

① 0より大きい数を**正の数**，0より小さい数を**負の数**という。

② 正の整数1，2，3，……を**自然数**という。

2 絶対値と数の大小

① 数直線上では，右にある数ほど大きく，左にある数ほど小さい。

② 数直線上で，0に対応する点を**原点**という。また，ある数に対応する点と原点との距離を，その数の**絶対値**という。

③ 正の数は，絶対値が大きいほど大きい。負の数は，絶対値が大きいほど小さい。

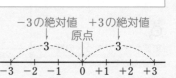

−3の絶対値 +3の絶対値
原点
3 3
-3 -2 -1 0 $+1$ $+2$ $+3$

Step **1** 基本問題

解答▶別冊1ページ

1 [整数] 次の数の中で，整数をいいなさい。また，自然数もいいなさい。

$$-1.5,\ \ 8,\ \ -3,\ \ +10,\ \ -0.9,\ \ \frac{1}{5},\ \ 0,\ \ -\frac{3}{7}$$

2 [数直線] 下の数直線上で，A〜Cにあたる数をいいなさい。また，次のDからGに対応する点を数直線上に表しなさい。

D…$+3.5$ E…$-\frac{5}{2}$ F…$-4\frac{1}{2}$ G…$\frac{9}{2}$

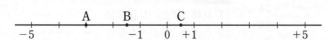

A B C
-5 -1 0 $+1$ $+5$

重要 3 [反対の性質をもつ量] 次のことを，負の数を使わないでいいなさい。

(1) -7 増える

(2) -3 減る

(3) -6 大きい

(4) -4 小さい

Guide

確認 整数

整数
$\cdots,\ -2,\ -1,\ 0,\ 1,\ 2,\ \cdots$
負の整数　　正の整数
（自然数）

くわしく 0について

0は整数である。また，0は正の数でも負の数でもない。

確認 反対の性質をもつ量

ことばと符号（＋や−）をともに反対にすることで，同じ意味を表すことができる。

4 [絶対値] 次の数の絶対値をいいなさい。

(1) -6 (2) $+7$ (3) -4.5 (4) $\dfrac{3}{8}$

重要 **5** [絶対値] 次の $\boxed{}$ にあてはまる数を答えなさい。

(1) 0 の絶対値は，$\boxed{}$ である。

(2) 絶対値が 4 である正の数は $\boxed{}$，負の数は $\boxed{}$ である。

(3) 絶対値が 5 より小さい整数は，$\boxed{}$ 個ある。

重要 **6** [数の大小] 次の各組の数の大小を，不等号を使って表しなさい。

(1) -1.1，-2 (2) $-\dfrac{1}{6}$，-6

(3) 0，$+3$，-1 (4) $-\dfrac{1}{2}$，$-\dfrac{1}{4}$，$-\dfrac{1}{3}$

7 [数の大小] 次の各組の数を，小さいほうから順に並べなさい。

(1) -3，2，$+2.4$，0，7，-3.6

(2) 1，$-\dfrac{1}{2}$，-4，$\dfrac{1}{4}$，$\dfrac{12}{5}$，$-\dfrac{11}{6}$

8 [反対の性質をもつ量] 基準となる地点 A から 4 km 東の地点のことを $+4$ km とするとき，次の問いはそれぞれどの地点のことを表すか求めなさい。

(1) $+7$ km   (2) -3 km

 絶対値

► 0 からどれだけ離れているかを数で表したもの。
► 数から符号をとりさったものともいえる。

 ある絶対値より小さい整数

負の数や 0 を忘れないように注意する。

 不等号

$<$，$>$ は，開いたほうに大きい数を書く。

不等号の向き

不等号を 2 つ以上使うときは，不等号の向きをそろえる。

$-3<2{>}0 \rightarrow \begin{array}{l} -3<0<2 \\ 2>0>-3 \end{array}$

第1章
第2章
第3章
第4章
第5章
第6章
第7章
総仕上げテスト

2 正負の数の加減

⊙← 重要点をつかもう

1 加 法
①同符号の2数の和…2数の絶対値の和に共通の符号をつける。
②異符号の2数の和…2数の絶対値の差に，絶対値の大きいほうの符号をつける。

2 減 法
$-$ を $+$ に変え，$-$ の符号の後ろの数は符号を逆にして，加法になおして計算をする。
$$a-b=a+(-b) \qquad a-(-b)=a+(+b)$$

3 加法の計算法則
①加法の交換法則…$a+b=b+a$
②加法の結合法則…$(a+b)+c=a+(b+c)$

Step 1 基本問題

解答▶別冊1ページ

1 [加法] 次の計算をしなさい。

(1) $(-4)+(-3)$

(2) $(+12)+(+23)$

(3) $(-13)+(-21)$

(4) $(+2)+(-7)$

(5) $(-27)+(+12)$

(6) $(+24)+(-15)$

2 [加法] 次の計算をしなさい。

(1) $(+4.6)+(-5.4)$

(2) $(-7)+(+3.6)$

(3) $\left(-\dfrac{2}{5}\right)+\left(+\dfrac{4}{5}\right)$

(4) $\left(-\dfrac{3}{4}\right)+\left(+\dfrac{1}{6}\right)$

Guide

確認 正負の数の加法

▶同符号の2数の和

絶対値の和に共通の符号を
つける。

　　　　共通の符号
例 $(-5)+(-3)=-(5+3)$
　　　　　　　　　　たす
　　　　　　　　$=-8$

▶異符号の2数の和

絶対値の差に，絶対値が大
きいほうの符号をつける。

　　絶対値の大きいほうの符号
例 $(+8)+(-6)=+(8-6)$
　　　　　　　　　　ひく
　　　　　　　　$=+2$

くわしく （ ）のない式

加法だけの式は，（ ）と記号
$+$ を省略して表せる。
$(-3)+(+2)=-3+2$
$(-5)+(-1)=-5-1$

3 ［3つの数の加法］次の計算をしなさい。

(1) $(+4)+(-1)+(-4)$ (2) $(-5)+(+3)+(+5)$

(3) $(+2)+(-4)+(+8)$ (4) $(-3)+(+6)+(-7)$

4 ［減法］次の計算をしなさい。

(1) $(+2)-(+5)$ (2) $(+4)-(-3)$

(3) $0-(-8)$ (4) $(-7)-(+6)$

(5) $(-2.7)-(+1.5)$ (6) $(-8)-(-7.3)$

(7) $\left(+\dfrac{3}{5}\right)-\left(-\dfrac{7}{5}\right)$ (8) $\left(-\dfrac{1}{2}\right)-\left(-\dfrac{1}{3}\right)$

重要 **5** ［加減の混じった計算］次の計算をしなさい。

(1) $(-3)+(-2)-(-7)$ (2) $(+4)-(-5)+(-2)$

(3) $4+(-7)-(+1)$ (4) $5-(+3)-(-6)$

重要 **6** ［加減の混じった計算］次の計算をしなさい。

(1) $7.3+(-4.1)-(-1.4)$

(2) $-\dfrac{7}{6}-\left(-\dfrac{5}{3}\right)+\left(-\dfrac{1}{2}\right)$

第**1**章
第**2**章
第**3**章
第**4**章
第**5**章
第**6**章
第**7**章
総仕上げテスト

 3つ以上の数の加法

交換法則や結合法則を利用して，正の数どうし，負の数どうしをまとめてからたすと，計算しやすくなる。

$(+5)+(-7)+(+3)$
$=(+5)+(+3)+(-7)$
$=+(5+3)+(-7)$
$=(+8)+(-7)$
$=+(8-7)=+1$

 正負の数の減法

ひく数の符号を変えて，加法になおす。
$(+3)-(-6)=(+3)+(+6)$
$=+9$

確認 **加減が混じった計算**

①加法だけの式になおす。
②＋ を省き，（ ）のない式になおす。
③正の項と負の項に分けてそれぞれ計算する。

$(-2)-(-2)-(+7)+(+1)$
$=(-2)+(+2)+(-7)+(+1)$ ①②
$=-2+2-7+1$ ③
$=2+1\underbrace{\ \ }_{}-2-7$
  正の項 負の項
$=3-9=-6$

【　　月　　日】

時間 **30**分　合格点 **80**点　得点　点

解答▶別冊 2 ページ

1 次の計算をしなさい。(2点×6)

(1) $-3+4$

(2) $-6+(-4)$

(3) $5+(-8)$

(4) $-7-3$

(5) $2-(-7)$

(6) $-4-(-10)$

2 次の計算をしなさい。(2点×8)

(1) $1.8+(-2.5)$

(2) $-3.2+1.4$

(3) $-4.5+(-7.2)$

(4) $2.6+(-1.1)$

(5) $6.5-(-2.2)$

(6) $-1.6-(+5.6)$

(7) $3.4-(+1.7)$

(8) $-5.5-3.5$

3 次の計算をしなさい。(3点×6)

(1) $\dfrac{1}{2}+\left(-\dfrac{1}{4}\right)$

(2) $-\dfrac{2}{3}+\dfrac{1}{5}$

(3) $-\dfrac{3}{4}+\left(-\dfrac{1}{3}\right)$

(4) $\dfrac{1}{3}-\dfrac{5}{6}$

(5) $-\dfrac{1}{5}-\left(-\dfrac{1}{2}\right)$

(6) $-\dfrac{3}{8}-\dfrac{1}{6}$

4 次の計算をしなさい。(3点×10)

(1) $-4+3+(-6)$

(2) $5-8-(-4)$

(3) $-6+(-9)-2$

(4) $3-(-2)-7$

(5) $-1-4+7$

(6) $-6+10-8$

重要 (7) $-2+(-6)+5-(-4)$

(8) $3-(-5)+2-(+8)$

重要 (9) $6-7+5-10$

(10) $-9-2+4-8$

5 次の計算をしなさい。(3点×8)

(1) $-4.2+(-1.6)-(-2.2)$

重要 (2) $6.3-(+1.4)+(-1.7)$

(3) $1.8+1.4-5.6$

(4) $-5.5-1.2+4.2+0.5$

重要 (5) $-\dfrac{1}{5}+\dfrac{1}{2}-\left(-\dfrac{1}{3}\right)$

(6) $\dfrac{1}{4}-\left(-\dfrac{1}{2}\right)-\left(-\dfrac{2}{5}\right)$

(7) $-\dfrac{1}{2}+\dfrac{2}{3}-\dfrac{3}{5}$

重要 (8) $\dfrac{1}{2}-\dfrac{1}{3}+\dfrac{1}{4}-\dfrac{1}{5}$

---

3 分数の計算は，約分を忘れないようにする。

4 3つの数以上の計算は，＋の項と－の項ごとにまとめてから計算する。

5 3つ以上の分数の計算は，すべて通分してから計算をするとよい。

第1章
第2章
第3章
第4章
第5章
第6章
第7章
総仕上げテスト

3 正負の数の乗除

🎯 重要点をつかもう

1 乗法と除法

①**同符号の 2 数の積・商**…絶対値の積・商に ＋ の符号をつける。

②**異符号の 2 数の積・商**…絶対値の積・商に － の符号をつける。

③除法は，わる数の逆数をかけて乗法になおすことができる。

2 累乗

①同じ数をいくつかかけたものを，その数の**累乗**という。

②右上の小さい数を**指数**といい，かけた数の個数を示している。

$$3\overset{\text{指数}}{^2}=\underline{3\times3}$$
3 を 2 回かける

Step 1 基本問題

解答▶別冊 3 ページ

1 [乗法] 次の計算をしなさい。

(1) $(+3)\times(+2)$

(2) $(-4)\times(-6)$

(3) $(-2)\times(+8)$

(4) $(+5)\times(-3)$

(5) $(-7)\times4$

(6) $2.5\times(-4)$

(7) $(-8)\times\left(-\dfrac{3}{4}\right)$

(8) $-\dfrac{3}{2}\times\dfrac{1}{6}$

重要 **2** [3 つ以上の数の乗法] 次の計算をしなさい。

(1) $(+3)\times(+2)\times(-4)$

(2) $(-3)\times(-4)\times(-5)$

(3) $3\times(-6)\times2$

(4) $-6\times4\times(-5)$

(5) $\dfrac{1}{2}\times\left(-\dfrac{5}{6}\right)\times\dfrac{9}{2}$

(6) $(-2)\times(-4)\times(+2)\times(+6)$

Guide

🔍確認 **正負の数の乗除**

▶**同符号の 2 数の積**

$(+)\times(+)\rightarrow(+)$

$(-)\times(-)\rightarrow(+)$

例 $(-3)\times(-5)$

$=+(3\times5)=+15$

▶**異符号の 2 数の積**

$(+)\times(-)\rightarrow(-)$

$(-)\times(+)\rightarrow(-)$

例 $(-7)\times(+4)$

$=-(7\times4)=-28$

🔍確認 **3 つ以上の数の乗法の符号**

－ の符号の数が偶数個あれば＋，奇数個あれば－になる。

くわしく **乗法の計算法則**

▶**乗法の交換法則**

$a\times b=b\times a$

▶**乗法の結合法則**

$(a\times b)\times c=a\times(b\times c)$

重要 **3** [累乗] 次の計算をしなさい。

(1) 4^3

(2) $(-2)^3$

(3) -3^3

(4) $-(-4)^2$

(5) 2×4^2

(6) $\left(-\dfrac{2}{3}\right)^2$

4 [除法] 次の計算をしなさい。

(1) $(-24) \div (-3)$

(2) $(-20) \div (+5)$

(3) $(-32) \div 8$

(4) $6.5 \div (-5)$

(5) $(-25) \div 100$

(6) $-15 \div (-18)$

(7) $\dfrac{1}{3} \div \left(-\dfrac{2}{3}\right)$

(8) $-\dfrac{4}{3} \div \left(-\dfrac{1}{3}\right)$

重要 **5** [乗除の混じった計算] 次の計算をしなさい。

(1) $(-2) \times (+6) \div (-3)$

(2) $(-3) \div (+4) \div (-5)$

(3) $4 \div (-8) \times 6$

(4) $6 \times (-3) \div (-2) \div (-4)$

(5) $-3^3 \times 2^4 \div (-6)$

(6) $\dfrac{5}{2} \times \left(-\dfrac{1}{4}\right) \div \dfrac{2}{3}$

(7) $\dfrac{1}{3} \times \left(-\dfrac{1}{4}\right) \div \dfrac{1}{6} \div \left(-\dfrac{1}{12}\right)$

(8) $0.8 \times (-1.2) \div (-0.4)^2$

注意 **累乗の計算**

▶ 2の3乗は2の3倍ではない。
$$2^3 = 2 \times 2 \times 2 = 8$$
　　　　2を3回かける

$2^3 = 2 \times 3 = 6$ は間違いなので注意する。

▶ ( )があるときとないときのちがいに注意する。

例 $(-2)^2 = (-2) \times (-2)$
　　　　　$= 4$
$-2^2 = -(2 \times 2) = -4$

確認 **正負の数の除法**

わる数を逆数にして乗法になおす。

$$a \div b = a \times \dfrac{1}{b}$$
　　　↑　　　↑
　　　└─逆数─┘

確認 **乗除の混じった計算**

除法を乗法になおし，乗法だけの式にする。

例 $(-3) \div (-4) \times (-6)$
$= (-3) \times \left(-\dfrac{1}{4}\right) \times (-6)$
$= -\left(3 \times \dfrac{1}{4} \times 6\right) = -\dfrac{9}{2}$

第1章
第2章
第3章
第4章
第5章
第6章
第7章
総仕上げテスト

4 正負の数の四則計算

◎← 重要点をつかもう

1 四則の混じった計算

①加減と乗除の混じった計算では，乗除を先に計算する。

②かっこのある式の計算では，かっこの中を先に計算する。

③累乗のある式の計算では，累乗を先に計算する。

2 分配法則

$$(a+b)\times c=a\times c+b\times c \qquad a\times(b+c)=a\times b+a\times c$$ ※（ ）の中が減法でもこの法則は成り立つ。

3 数の集合と四則計算

①自然数全体の集まり(1, 2, 3, 4, 5, ……)を，**自然数の集合**という。

②自然数のほかに，0と負の整数を合わせたものを**整数の集合**という。

Step 1 基本問題

解答▶別冊4ページ

1 [四則の混じった計算] 次の計算をしなさい。

(1) $9+(-4)\times3$

(2) $(-5)-(-2)\times3$

(3) $5\times(-8)+(-14)\div7$

(4) $10\div(-5)-(-6)\times(-2)$

重要 **2** [累乗のある式の計算] 次の計算をしなさい。

(1) 5^2-20

(2) $(-4)^2+10$

(3) $-3^3+6\times(-2)^2$

(4) $(-2)^3\div(-4)-4^2$

(5) $5\times2^2-(-3)\times3^2$

(6) $(-6)^2\div4-2^3\times3$

(7) $(-4)^3\div(-2)^4+(-6)^3\div9$

Guide

確認 四則

加法，減法，乗法，除法をまとめて四則という。

確認 四則の混じった計算

①累乗・かっこの中

②乗除

③加減

の順にする。

例
$6-2^2\div\{-3+(-1)^3\}$
$=6-4\div(-3-1)$
$=6-4\div(-4)$
$=6+1$
$=7$

3 [かっこのある式の計算] 次の計算をしなさい。

(1) $4+2\times(3-8)$

(2) $-5+9\div(1-4)$

(3) $(6-2^2\times3)+5$

(4) $\{12-(-8)\div2\}\times5$

(5) $\{6^2+(-2)^4\div4\}\times3$

(6) $(4-7)^2\div\{7+5\times(4-6)\}$

(7) $-(-3)^3-\{-6+(2-8)\}\times4$

(8) $\{8\times(-2)-(-2)^3\}-(-4)^2$

重要 **4** [分配法則] 分配法則を利用して，次の計算をしなさい。

(1) $\left(-\dfrac{5}{6}+\dfrac{3}{4}\right)\times12$

(2) $(9-81)\div9$

(3) $(-8)\times24+(-8)\times26$

(4) $150\div9-87\div9$

5 [数の集合と四則計算] 次の問いに答えなさい。

(1) 下の計算のうち，a, bがどんな自然数でも，答えがいつも自然数になるのはどれですか。

　ア $a+b$　　イ $a-b$　　ウ $a\times b$　　エ $a\div b$

(2) 整数の集合では，除法はいつでもできるとは限らない。除法がいつでもできるようにするには，さらにどんな数があればよいですか。

分配法則

$a\times(b+c)=a\times b+a\times c$
これを面積図で表すと，下の図のようになる。

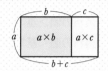

分配法則の逆

$a\times b+a\times c=a\times(b+c)$
乗法の式に共通の数があるとき，分配法則の逆も成り立つ。

数の集合と四則計算

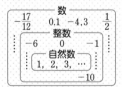

数の範囲を，自然数の集合から整数の集合へ，さらに数全体の集合へと広げていくことによって，それまでできなかった四則計算ができるようになる。

5. 正負の数の利用

⊙← 重要点をつかもう

1 基準のある表

基準の量を定め，基準との差を正の数，負の数で表した表をつくる。

①資料の値＞基準 のとき，正の数で表す。

②資料の値＜基準 のとき，負の数で表す。

2 素因数分解

①約数が 1 とその数の 2 つしかない自然数のことを**素数**という。

②素数以外の数を素数の積で表すことを，**素因数分解**という。

例　$10＝2×5,\ \ 45＝3^2×5$

③素因数分解を利用して，**最大公約数**や**最小公倍数**を求めることができる。

例　最大公約数の求め方　　　　　最小公倍数の求め方

$$
\begin{array}{l}
\ \ 8＝2×2×2 \\
28＝2×2\ \ \ \ ×7 \\
\hline
\ \ \ \ \ \ 2×2＝4
\end{array}
$$
←共通な素数を全部かける

$$
\begin{array}{l}
\ \ 8＝2×2×2 \\
28＝2×2\ \ \ \ ×7 \\
\hline
2×2×2×7＝56
\end{array}
$$
←共通な素数と残りの素数をかける

Step 1 基本問題

解答▶別冊 5 ページ

1 [正負の数の利用] 次の表は，A〜E の 5 人の数学の得点を，70 点を基準にして，70 点との差を正負の数で表したものである。下の問いに答えなさい。

生徒	A	B	C	D	E
基準点との差(点)	+7	−13	−8	+15	−11

(1) C の得点を求めなさい。

(2) 得点の最も高い人と得点の最も低い人との得点の差を求めなさい。

(3) 5 人の平均点を求めなさい。

Guide

確認 🔍 **基準のある表の見方**

基準との差を求め，基準より大きければ ＋，基準より小さければ − で表す。

例　次の表は，A〜E 5 人のテストの得点を 80 点を基準にして，80 点との差を正負の数で表したものである。

A	B	C	D	E
−6	−11	+4	−1	+7

確認 🔍 **平均の簡単な求め方**

平均＝基準＋基準との差の平均

例　上の表の 5 人の平均点は，

$80＋(−6−11＋4−1＋7)÷5$

$＝80＋(−7)÷5$

$＝80−1.4＝78.6$(点)

第1章

第2章

第3章

第4章

第5章

第6章

第7章

総仕上げテスト

重要 **2** ［正負の数の利用］次の表は，8人の生徒 A〜H の数学のテストの得点から，基準にした点数をひいたものである。これについて，下の問いに答えなさい。

生徒	A	B	C	D	E	F	G	H
基準点との差(点)	-11	$+16$	-25	$+21$	-15	-5	0	-21

(1) 基準の点が75点であれば，A の得点は何点ですか。

(2) 基準の点に等しいのはだれですか。

(3) 最高点と最低点との差は何点ですか。

(4) 8人の得点の平均が70点であれば，G の得点は何点ですか。

3 ［素数］次の整数の中から，素数を選びなさい。
1, 2, 5, 8, 19, 23, 34, 41, 51, 59, 63

重要 **4** ［素因数分解］次の整数を素因数分解しなさい。
(1) 6　　　　　　　(2) 9　　　　　　　(3) 12

(4) 27　　　　　　(5) 36　　　　　　(6) 100

5 ［最大公約数と最小公倍数］次の数の最大公約数と最小公倍数をそれぞれ求めなさい。
(1) 8, 10　　　　　　　　(2) 24, 60

くわしく　仮平均

平均を求めるときの基準を**仮平均**という。仮平均はいくらでもよいが，平均に近い量を用いると，計算が簡単になる。

確認　素数

約数が，1とその数の2つしかない自然数のこと。
小さいほうから順に，2, 3, 5, 7, 11, 13, ……

覚える　素因数分解のしかた

①自然数を小さい素数で順にわっていく。
②商が素数になったらやめる。

例
$2\,)\,\underline{24}$
$2\,)\,\underline{12}$
$2\,)\,\underline{6}$
　　　3 ←素数

$24 = 2 \times 2 \times 2 \times 3$
　　　$= 2^3 \times 3$

同じ数字は指数を使って，累乗の形で表す。

Step ③ 実力問題①

【 　月　　日】

| 時間 35分 | 合格点 80点 | 得点 　　点 |

解答▶別冊5ページ

1 次の計算をしなさい。(3点×12)

(1) $(+4.8)-(-2.6)-(+1.5)$

(2) $\left(-\dfrac{1}{2}\right)+\left(-\dfrac{1}{4}\right)-\left(-\dfrac{1}{8}\right)$

(3) $-4+8-10-9+6$

(4) $\dfrac{1}{3}-\dfrac{5}{6}+\dfrac{5}{9}-\dfrac{7}{12}-\dfrac{1}{18}$

(5) $-6\div2\div5\times(-10)$

(6) $3\div(-4)\div6\times12$

(7) 0.3^3

(8) $-3^2\times(-4)^3$

(9) $12\div(-2)^2\times4$

(10) $-(-3^3)\div(-6)^2\times8$

(11) $\dfrac{5}{6}\times\left(-\dfrac{3}{4}\right)\div5$

(12) $0.2\times\left(-\dfrac{1}{4}\right)\div\left(-\dfrac{1}{10}\right)\div(-0.4)$

2 次の計算をしなさい。(5点×8)

(1) $-8+4\times(-7)+5$

(2) $(-8)\times5+16\div(-2)$

(3) $\dfrac{2}{5}\div\left(-\dfrac{7}{10}\right)+\dfrac{6}{7}$

(4) $\dfrac{1}{8}-\left(-\dfrac{2}{5}\right)\div\left(-\dfrac{1}{4}\right)\times\dfrac{1}{6}$

(5) $-(-3)^2+2^3$ 〔大阪〕

(6) $-6^2\div2-2\times(-3)^2$ 〔京都〕

(7) $\dfrac{1}{2}+\left(-\dfrac{1}{4}\right)^2$ 〔熊本〕

(8) $-\left(-\dfrac{1}{2}\right)^2\times\dfrac{8}{3}-\dfrac{5}{6}$

第1章

第2章

第3章

第4章

第5章

第6章

第7章

総仕上げテスト

難問 **3** 次の問いに答えなさい。(4点×3)

(1) 3^{15} を計算したとき，その一の位の数を求めなさい。 〔岐阜〕

(2) 次の**ア～エ**から正しくないものをすべて選び，記号で答えなさい。

ア 2つの自然数の和は必ず自然数である。

イ 自然数を自然数でわると，その商は必ず自然数である。

ウ 2つの整数の差は必ず整数である。

エ 2つの数の積が正の数であるとき，その2つの数の和は必ず正の数である。

(3) 3つの数 x, y, z について，次の**ア～ウ**のことがわかっている。このとき，3つの数 x, y, z を大きい順にいいなさい。

ア $x+y+z<0$ である。

イ x の絶対値は y の絶対値より大きい。

ウ $x \times z=0$ であるが，$x \times y<0$ である。

4 次の表は，A～H8人の生徒の体重について，仮平均を 52.0 kg とし，それより重い人は ＋，軽い人は － をつけて，仮平均との差を表にまとめたものである。これをもとにして，下の問いに答えなさい。(4点×3)

生徒	A	B	C	D	E	F	G	H
体重－仮平均(kg)	−2.8	+1.2	+3.4	−1.2	+0.2	−3.1	+4.3	−3.6

(1) 仮平均に最も近い生徒の体重は何 kg ですか。

(2) 最も重い人と最も軽い人の体重の差は何 kg ですか。

(3) この8人の体重の平均は何 kg ですか。

★─★─★─★─★─★─★─★─★─★─★─★─★─★─★─★─★─★─★─★

ヒント

1 数が多い乗除の計算は，符号(ふごう)を先に決めて，数字だけで計算するとわかりやすい。

3 (1) 規則性を見つけて求める。

4 (3) 平均は，仮平均＋仮平均との差の平均 で求めることができる。

解答▶別冊 7 ページ

1 次の問いに答えなさい。(4点×3)

(1) 10 以上 30 以下の数の中にふくまれる素数を，すべて答えなさい。

(2) 12，15，18 の最大公約数と最小公倍数を求めなさい。

(3) 面積が 144 cm² の正方形の 1 辺の長さを，素因数分解を利用して求めなさい。

2 次の計算をしなさい。(5点×8)

(1) $\dfrac{3}{4} - \left(\dfrac{1}{5} - \dfrac{5}{6} \right)$

(2) $-\dfrac{5}{8} + \dfrac{5}{12} + \dfrac{8}{9} - \dfrac{3}{10} - \dfrac{3}{5}$

(3) $(-16) \times (-3)^3 \div 2^3 \div 12$

(4) $\left(-\dfrac{1}{3} \right) \div 1.2 \times (-0.9) \div \dfrac{5}{8}$

(5) $(3-7)^2 + (-8) \div (-6)^2 \times 18 \times 2^2$

(6) $\left\{ \dfrac{4}{9} + \left(-\dfrac{3}{2} \right)^2 \times \dfrac{5}{3^3} \right\} \div \left(-\dfrac{5}{6} - \dfrac{1}{5} \right)$

(7) $-\dfrac{5}{12} \times 25 + \dfrac{5}{12} \times (-23)$

(8) $4.8 \times 6 + 2.4 \times 5 - 1.2 \times (-16)$

3 次のそれぞれの表で，たて，横，ななめに並んだ数の和について，どれも等しくなるように
する。空らんをうめなさい。(6点×2)

(1)

8	−5	
	2	
		−4

(2)

−12		7
14	−5	

4 次の図の数直線 ℓ 上の 0 の位置に点 P がある。さいころを投げて，奇数（きすう）の目が出ると点 P は左へ 2 目盛り進み，偶数（ぐうすう）の目が出ると右へ 3 目盛り進むことにする。下の問いに答えなさい。(6点×2)

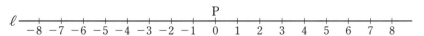

(1) さいころを 10 回投げて，そのうち偶数の目が 4 回出たとすれば，点 P は ℓ 上のどの位置にきますか。

難問

(2) はじめ点 P が 0 の位置にあって，さいころを 15 回投げたとき，何回奇数の目が出ると，点 P がもとの 0 の位置にきますか。

5 次の表は，10 人の生徒の数学のテストの得点から，基準にした点をひいた点数を表したものである。10 人の得点の平均点は 72 点であった。E の得点は何点ですか。(6点)　〔高　知〕

生徒	A	B	C	D	E	F	G	H	I	J
基準点との差(点)	-10	$+5$	$+15$	-25	$+20$	-15	-5	0	-20	-15

重要

6 A，B，C，D，E 5 人の生徒が，A を先頭にして 1 列に並び，それぞれ自分の身長が前の生徒より何 cm 高いかを調べて，次の表をつくった。A の身長を 165 cm として，下の問いに答えなさい。(6点×3)

生徒	A	B	C	D	E
前の生徒との身長の差(cm)		-3	$+7$	-9	$+4$

(1) B の身長はいくらですか。

(2) D の身長はいくらですか。

(3) A，B，C，D，E 5 人の身長の平均はいくらですか。

- -

ヒント

2 (4) 小数と分数が混じっている計算は，分数にそろえてから計算する。
3 (2) 3 つの数のうち 1 つの数が共通であれば，残り 2 つの数の和は等しくなることを利用する。
6 前の生徒との身長の差の表から，生徒 A の身長を基準 (0) にした表につくりかえるとよい。

6 文字式の表し方

重要点をつかもう

1 文字式の表し方

①文字の混じった乗法では，記号 × を省く。　例　$5 \times x = 5x$

②文字と数の積では，数を文字の前に書く。また，文字はふつうアルファベット順に書く。

　例　$x \times 7 = 7x$，$a \times c \times b = abc$

③同じ文字の積は，累乗の指数を使って表す。　例　$a \times a = a^2$

④文字の混じった除法では，記号 ÷ を使わずに，分数の形で書く。　例　$a \div 3 = \dfrac{a}{3}$

Step 1 基本問題

解答▶別冊 8 ページ

1 [積の表し方] 次の式を，× の記号を使わないで表しなさい。

(1) $x \times 7$　　　　(2) $a \times (-1)$　　　　(3) $8 \times (x-3)$

(4) $(y+7) \times (-6)$　　　　(5) $b \times (-5) \times a$

(6) $a \times (-1) \times b \times a$　　　　(7) $n \times m \times n \times m \times 3$

(8) $8 \times (-4a)$　　　　(9) $\dfrac{2}{3}x \times 6$

2 [商の表し方] 次の式を，÷ の記号を使わないで表しなさい。

(1) $x \div 4$　　　　(2) $2x \div (-5)$

(3) $(-6) \div a$　　　　(4) $(a+b) \div 7$

(5) $24a \div (-6)$　　　　(6) $18x \div 15$

Guide

 1x の表し方

$1 \times x$ や $x \times 1$ は $1x$ となるが，1 を省いて x と書く。

$(-1) \times x$ は $-x$ と書く。

数と文字式の積

数どうしの積に文字をかける。

例　$5 \times (-2a) = 5 \times (-2) \times a$

　$= -10a$

 分数の表し方

$\dfrac{x}{5}$ は $\dfrac{1}{5}x$ とも書く。

$\dfrac{a+b}{2}$ は $\dfrac{1}{2}(a+b)$ とも書く。

 数と文字式の商

数どうしで約分する。

$15x \div (-3) = -\dfrac{15x}{3}$

　$= -5x$

重要 **3** [四則混合の表し方] 次の式を，×，÷ の記号を使わないで表しなさい。

(1) $a \div 9 \times (-b)$

(2) $6 \div x \times (-y) \div 5$

(3) $8 \times (x+y) \times \dfrac{1}{7}$

(4) $a \times (-1) + b \div 4$

(5) $6 - x \div 3 \times y$

(6) $(a-b) \div 6 + (c+d) \times 4$

重要 **4** [×，÷ を使った表し方] 次の式を，× や ÷ の記号を使って表しなさい。

(1) $5a$

(2) $\dfrac{x}{6}$

(3) $-6ab$

(4) $\dfrac{8}{xy}$

(5) $\dfrac{4a}{3b}$

(6) $\dfrac{5}{x-y}$

(7) $-5a - \dfrac{6}{b}$

(8) $2x^3 y^2$

5 [文字式の表し方] 次の問いに答えなさい。 〔秋　田〕

(1) 図1のように，長さ2mのテープを3等分したとき，アにあてはまる数を求めなさい。

(図1)

(2) 図2のように，長さamのテープを3等分したとき，イにあてはまる式を求めなさい。

(図2)
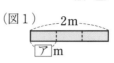

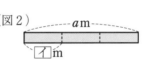

注意 **― の符号の表し方**

商を表すとき，― の符号は分数の前に書く。

$$x \div (-7) = -\dfrac{x}{7}$$

確認 **四則混合の表し方**

▶ 文字の混じった乗法や除法をふくむ式は，×，÷ の記号を使わずに表すことができる。

▶ 加法，減法の記号 ＋，― は省けない。

注意 **式はかっこでくくる**

$\dfrac{a+b}{3}$ を×や÷の記号を使って表すとき，$a+b \div 3$ と書くと $a + \dfrac{b}{3}$ の意味になるので，誤りである。（　）を使って，$(a+b) \div 3$ とする。

第1章
第2章
第3章
第4章
第5章
第6章
第7章
総仕上げテスト

7 数量を表す式

重要点をつかもう

1 数量の表し方

①速さ

道のり＝速さ×時間 速さ＝道のり÷時間 時間＝道のり÷速さ

②割合

比べる量＝もとにする量×割合 もとにする量＝比べる量÷割合 割合＝比べる量÷もとにする量

③食塩水

食塩の重さ＝食塩水の重さ×$\dfrac{食塩水の濃度(\%)}{100}$ 食塩水の重さ＝食塩の重さ÷$\dfrac{食塩水の濃度(\%)}{100}$

食塩水の濃度(%)＝食塩の重さ÷食塩水の重さ×100

Step 1 基本問題

解答▶別冊9ページ

1 [数量を表す式] 次の数量を表す式を書きなさい。

(1) 1個 a 円のメロンを2個買ったときの代金

(2) 5人が同じ金額ずつ出し合って x 円のボールを買ったときの，1人あたりの代金

重要 (3) 十の位が a，一の位が b である2けたの正の整数

(4) 3回のテストの得点がそれぞれ，a 点，b 点，c 点のとき，3回のテストの平均点

2 [長さ・面積] 次の数量を表す式を書きなさい。

(1) 周の長さが ℓ cm の正方形の1辺の長さ

(2) 底辺が a cm，高さが b cm の三角形の面積

Guide

確認 代金の表し方

代金＝単価×個数

例 80円の切手 x 枚

→ 代金 $80x$ 円

確認 平均の表し方

平均＝合計÷個数

合計＝平均×個数

例 15人の男子の合計点が

a 点 → 平均 $\dfrac{a}{15}$ 点

確認 面積の表し方

長方形の面積＝縦×横

だから，下の図のような長方形の面積は，

$a×b＝ab$ (cm²)

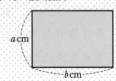

a cm

b cm

3 [速さ] 次の数量を表す式を書きなさい。

重要 (1) 200 m の道のりを秒速 x m で歩くときの時間

(2) a m の道のりを，分速 b m で 10 分間進んだときの残りの道のり

4 [割合] 次の数量を表す式を書きなさい。

(1) a 円の 3 割

(2) x 円の 9 %

重要 (3) 濃度 7 %の食塩水 x g 中にふくまれる食塩の重さ

(4) 食塩水 200 g に食塩 b g がふくまれているときの濃度 (単位：%)

5 [式と単位] 次の量を( )の中の単位で表しなさい。

(1) a 分 (秒)　　　　　(2) b 分 (時間)

(3) x g (kg)　　　　　(4) y L (mL)

(5) p cm (m)　　　　　(6) q km (m)

(7) y m² (cm²)　　　　(8) b km/h (m/min)

 割合を使った数量の
表し方

$1 \% = \dfrac{1}{100}$

$1 割 = \dfrac{1}{10}$

$x \% = \dfrac{1}{100}x = 0.01x$

$y 割 = \dfrac{1}{10}y = 0.1y$

 食塩水の問題

濃度(%)は分数か小数になお
してから計算する。

例　x %の食塩水 300 g にふ
くまれる食塩の重さ

→ $300 \times \dfrac{x}{100} = 3x$ (g)

または，$300 \times 0.01x = 3x$ (g)

 主な単位の関係

1 時間＝60 分

1 分＝60 秒

1 kg＝1000 g

1 m＝100 cm

1 cm＝10 mm

1 m²＝10000 cm²

1 L＝10 dL＝1000 mL

 速さの表し方

時速 a km を a km/h，
分速 b m を b m/min，
秒速 c m を c m/s
と書くことがある。

※ h → hour (時間)
　 min → minute (分)
　 s → second (秒)

第1章
第2章
第3章
第4章
第5章
第6章
第7章
総仕上げテスト

Step ② 標準問題

解答▶別冊10ページ

1 次の数量を表す式を書きなさい。必要であれば，単位をつけなさい。円周率は π とする。
(3点×6)

(1) 3人が a 円ずつ出し合ったお金で，b 円のものを買ったときの残金

(2) 百の位が a，十の位が b，一の位が c である3けたの正の整数

重要
(3) a でわったとき，商が b で余りが2のときのわられる数

(4) 半径が a cm の円の面積

(5) 上底が a cm，下底が b cm，高さが c cm の台形の面積

重要
(6) x kg の荷物2個と y kg の荷物3個があるとき，これら5個の荷物の平均の重さ

2 次の数量を式で表しなさい。ただし，（ ）内の単位で表しなさい。(4点×4)

(1) a cm と b mm の和　（mm）

(2) x kg と y g の和　（kg）

(3) a 時間と b 分の和　（分）

(4) x L と y dL の和　（L）

重要
3 ある遊園地の入園料は，大人1人が a 円，中学生1人が b 円である。このとき，次の式は何を表していますか。(6点×2)

(1) 3a 円

(2) (5a＋2b) 円

4 次の数量を式で表しなさい。必要であれば，単位をつけなさい。(6点×9)

(1) 原価1200円の品物に，a 割の利益をつけたときの定価はいくらですか。

重要
(2) 定価 a 円の品物が売れなかったので，b ％割引きしたときの売値はいくらですか。

(3) 濃度が8％で，a g の食塩をふくむ食塩水の重さは何 g ですか。

重要
(4) 6％の食塩水 a g，10％の食塩水 b g を混ぜたときの食塩の重さの合計は何 g ですか。

(5) x ％の食塩水300 g に水を y g 混ぜたときの濃度は何％ですか。

(6) a km を時速4 km で歩き，残りの b m を分速100 m で走った。合計で何分進みましたか。

(7) x km の道のりを800 m 進んだあと，残りの道のりを y 分で着くように速さを変えて進みました。速さを変えた後の速さは分速何 m ですか。

(8) 5人の平均の身長が a cm で，b cm の人が加わったときの平均は何 cm になりますか。

(9) 1辺が x m の正方形の土地の面積は何 ha ですか。

第1章
第2章
第3章
第4章
第5章
第6章
第7章
総仕上げテスト

★━━

4 (1) 定価＝原価＋利益 または 定価＝原価×(1＋利益の割合) で求める。
(2) 売値＝定価－割引額 または 売値＝定価×(1－割引の割合) で求める。
(9) 1 ha＝10000 m²

8

1次式の計算

⊙ 重要点をつかもう

1 1次式

① 式 $3x-5$ は，$3x+(-5)$ のように加法の式で表すことができる。このとき $3x$，-5 を，この式の**項**という。

② $4x$ や $-3a$ のように，文字が1つだけの項を**1次の項**という。

③ 項 $4x$ の数の部分 4 を x の**係数**，項 $-3a$ の数の部分 -3 を a の**係数**という。

④ 1次の項だけの式，または，1次の項と数の項の和で表される式を**1次式**という。

2 1次式の計算

① **1次式の加減**…文字の部分が同じ項どうし，数の項どうしをそれぞれまとめる。

② **1次式と数の乗法**…分配法則 $a(b+c)=ab+ac$ を使って計算する。

Step 1 基本問題

解答▶別冊11ページ

1 [項と係数] 次の式の項をいいなさい。また，文字の項について，係数をいいなさい。

(1) $-2x+1$

(2) $a-6$

(3) $7-\dfrac{3}{4}y$

(4) $\dfrac{a}{8}-b+2$

2 [文字の部分が同じ項] 次の式を簡単にしなさい。

(1) $3a+4a$

(2) $-2b+7b$

(3) $-6x+(-5x)$

(4) $\dfrac{4}{7}x+\dfrac{2}{7}x$

(5) $y-\dfrac{1}{5}y$

(6) $-0.5a-1.2a$

(7) $3a+(-a)-5a$

(8) $-7b+6b-4b$

Guide

⚠ まちがえやすい係数

$x \to x$ の係数は 1

$-x \to x$ の係数は -1

$\dfrac{y}{5} \to y$ の係数は $\dfrac{1}{5}$

🔍 文字の部分が同じ項

文字の部分が同じ項は，
$mx+nx=(m+n)x$ を使って，
1つの項にまとめることができる。

例 $5x+3x=(5+3)x$

 同類項

文字の部分が同じ項を同類項という。

3 ［式を簡単にすること］次の式を簡単にしなさい。

(1) $8-9a-7$

(2) $8b+5-4b$

(3) $-12y-3+7y+3$

(4) $3a-12-5a+2a+6$

重要 **4** ［1次式の加減］次の計算をしなさい。

(1) $2x+(9-5x)$

(2) $(6y-4)+(-3y-4)$

(3) $(2x-3)-(3x-7)$

(4) $5y-3-(-5y+6)$

5 ［1次式の加減］次の計算をしなさい。

(1)
$$\begin{array}{r} 3a+5 \\ +)\ 2a-7 \\ \hline \end{array}$$

(2)
$$\begin{array}{r} -x+1 \\ -)\ -4x+7 \\ \hline \end{array}$$

重要 **6** ［1次式と数の乗除］次の計算をしなさい。

(1) $5(2x+3)$

(2) $(4a-1)\times 6$

(3) $(5a-10)\div 5$

(4) $(6y+9)\div(-3)$

(5) $\dfrac{1}{8}(8x+24)$

(6) $\dfrac{2x-1}{3}\times 6$

7 ［いろいろな計算］次の計算をしなさい。

(1) $2(3x+1)+3(-x-4)$

(2) $3(2a-3)-2(4a-5)$

確認 1次式の加減

▶ $+(\ \ )\to$ そのままかっこ
をはずす。

例 $3x-4+(-x+5)$
$=3x-4-x+5$
$=3x-x-4+5$
$=2x+1$

▶ $-(\ \ )\to$ 各項の符号を変
えて，かっこをはずす。

例 $2a+5-(-4a+3)$
$=2a+5+4a-3$
$=2a+4a+5-3$
$=6a+2$

注意 分配法則でかっこを
はずすとき

後ろの項の符号に注意する。

$\times\ \ -3(2x+7)=-6x+21$

$\bigcirc\ \ -3(2x+7)=-6x-21$

確認 1次式と数の除法

分数の形にして，

$\dfrac{a+b}{m}=\dfrac{a}{m}+\dfrac{b}{m}$ を利用する。

例 $(4a+2)\div 2=\dfrac{4a+2}{2}$

$=\dfrac{4a}{2}+\dfrac{2}{2}=2a+1$

解答▶別冊12ページ

1 次の計算をしなさい。(3点×6)

(1) $5a + 2a - 8$

(2) $-3 + 8a - 7 - 4a$

重要 (3) $-\dfrac{1}{4}x + \dfrac{1}{2} + \dfrac{3}{4}x$

(4) $\dfrac{1}{6}b - \dfrac{2}{3} - \dfrac{5}{8}b + \dfrac{1}{4}$

(5) $1.4 + 0.2y + 1.8y$

重要 (6) $-2.5x - 3.2 + 0.4x + 7.5$

2 次の計算をしなさい。(3点×8)

重要 (1) $2x - 5 - (3x + 1)$

(2) $2(2a + 1) + 3(a - 1)$ 〔宮 城〕

(3) $8(7a + 5) - 4(9 - a)$ 〔鹿児島〕

(4) $3(5x - 1) - 2(x - 2)$ 〔沖 縄〕

(5) $4(2a - 3) - (3a - 5)$ 〔福 岡〕

(6) $-4(2b + 4) - 3(-b - 5)$

重要 (7) $\dfrac{1}{2}(4y - 6) - \dfrac{1}{3}(3y + 9)$

(8) $\dfrac{2}{5}(10x + 5) + \dfrac{2}{3}(-9x - 12)$

3 次の計算をしなさい。(3点×6)

(1) $6 \times \dfrac{a + 1}{2}$

(2) $(-8) \times \dfrac{2b - 3}{4}$

(3) $\dfrac{5a - 1}{3} \times 6$

重要 (4) $\dfrac{-3x + 2}{5} \times (-10)$

重要 (5) $(15a - 9) \div 6$

(6) $(-12y + 24) \div (-9)$

4 次の計算をしなさい。(3点×6)

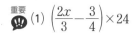(1) $\left(\dfrac{2x}{3}-\dfrac{3}{4}\right)\times 24$

(2) $\left(\dfrac{x}{4}-\dfrac{5}{6}\right)\times(-12)$

(3) $\left(-\dfrac{2}{3}\right)\times\left(\dfrac{3}{4}x-\dfrac{2}{5}\right)$

(4) $\dfrac{3}{8}\times\left(-\dfrac{2}{3}x-\dfrac{1}{6}\right)$

(5) $\left(-\dfrac{a}{4}+\dfrac{2}{3}\right)\div\dfrac{1}{12}$

重要(6) $\left(\dfrac{2}{3}y-\dfrac{1}{6}\right)\div\left(-\dfrac{1}{6}\right)$

5 次の □ にあてはまる数や式を求めなさい。(2点×2)

(1) $\dfrac{x+1}{2}-\dfrac{x+2}{3}$
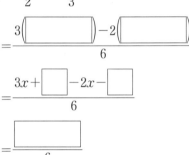

$=\dfrac{3\boxed{}-2\boxed{}}{6}$

$=\dfrac{3x+\boxed{}-2x-\boxed{}}{6}$

$=\dfrac{\boxed{}}{6}$

(2) $-\dfrac{3x-2}{4}+\dfrac{x-3}{2}$
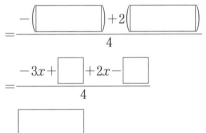

$=\dfrac{-\boxed{}+2\boxed{}}{4}$

$=\dfrac{-3x+\boxed{}+2x-\boxed{}}{4}$

$=\dfrac{\boxed{}}{4}$

6 次の計算をしなさい。(3点×6)

(1) $\dfrac{x}{2}+\dfrac{2x-1}{3}$ 〔栃 木〕

重要(2) $\dfrac{4x-1}{3}-\dfrac{x+3}{2}$ 〔京 都〕

(3) $\dfrac{5x+3}{4}-\dfrac{2x-1}{3}$ 〔愛 知〕

(4) $\dfrac{1}{4}(5x-3)-\dfrac{1}{8}(7x-6)$ 〔神奈川〕

(5) $\dfrac{1}{7}(6x-5)-\dfrac{1}{2}(x-1)$ 〔静 岡〕

重要(6) $2x+1-\dfrac{3x+1}{2}$ 〔石 川〕

---

2 かっこをはずすときに，符号に注意する。

3 分数×整数 のとき，分母と整数を約分できるときは先に約分する。

6 分数の計算は，分母を最小公倍数で通分して分子を計算する。

9 文字式の利用

🎯 重要点をつかもう

1 代入と式の値

①式の中の文字を数におきかえることを，文字にその数を**代入する**という。

②代入して計算した結果を，そのときの**式の値**という。

2 関係を表す式

①等号を使って数量の間の関係を表した式を**等式**という。

②不等号（<や≧など）を使って，数量の大小関係を表した式を**不等式**という。

Step 1 基本問題

解答▶別冊13ページ

1 [式の値] $x=2$ のとき，次の式の値を求めなさい。

(1) $x+2$

(2) $-x-5$

(3) $2x-4$

(4) $-3x+1$

(5) $\dfrac{1}{2}x+3$

(6) $-\dfrac{1}{4}x-\dfrac{3}{2}$

(7) x^2

 重要 (8) $-x^3$

2 [式の値] $x=-3$ のとき，次の式の値を求めなさい。

(1) $4x+7$

(2) $9-2x$

(3) $0.3x-1.7$

(4) $-\dfrac{4}{3}x+2$

重要 (5) $\dfrac{x}{6}-\dfrac{6}{x}$

重要 (6) $4x^2-x^3$

Guide

🔍 **確認** 代入と式の値

例 $a=2$ のとき $1-3a$ の値は，

$1-3a=1-3\times2$

$\qquad=1-6$

$\qquad=-5$

⚠️ **注意** 負の数の代入

負の数を代入するときは，（ ）をつける。

例 $x=-5$ のとき $1-x$ の値は，

$1-x=1-(-5)$

$\qquad=1+5$

$\qquad=6$

3 ［等式］次の数量の関係を，等式で表しなさい。

(1) ある数 x を 2 倍して 5 をひくと，13 になる。

(2) a 円のメロンを 2 個，150 円のりんごを 3 個買ったところ，代金は 2150 円になった。

重要 **4** ［不等式］次の数量の関係を，不等式で表しなさい。

(1) ある数 x を 3 倍して 4 を加えると，15 より大きい。

(2) 50 枚ある色紙を，a 人の子どもに 1 人 6 枚ずつ配ろうとすると，足りない。

(3) 重さが x kg の箱に，1 個 2 kg の品物を y 個詰めても，全体の重さは 20 kg 以下である。

重要 **5** ［規則性］下の図のように，マッチ棒を並べて正三角形を左から順につくっていく。このとき，次の問いに答えなさい。

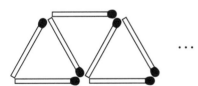

…

(1) 正三角形を 4 個つくるには，マッチ棒は何本必要ですか。

(2) 正三角形を 6 個つくるには，マッチ棒は何本必要ですか。

(3) 正三角形を n 個つくるには，マッチ棒は何本必要ですか。n を使って表しなさい。

 左辺，右辺，両辺

等号や不等号の左側の式を**左辺**，右側の式を**右辺**，両方を合わせて**両辺**という。

$$3x - 2 = 10$$
左辺　右辺
両辺

$$3x - 2 > 10$$
左辺　右辺
両辺

 不等式の表し方

▶ a は b より大きい…$a > b$

▶ a は b より小さい（a は b 未満）…$a < b$

▶ a は b 以上…$a \geqq b$

▶ a は b 以下…$a \leqq b$

 規則性

差が等しい数の並びで，n 番目の数を求めるとき，次の式が成り立つ。

はじめの数＋差×$(n-1)$

例　1, 3, 5, 7, 9, ……
　　　2　2　2　2

上のように数が並んでいるとき n 番目の数は，

$1 + 2(n-1)$

第1章
第2章
第3章
第4章
第5章
第6章
第7章
総仕上げテスト

Step 3 実力問題①

時間 35分　合格点 80点　得点　　点

解答▶別冊13ページ

1 次の式を，×，÷ の記号を使って表しなさい。(5点×4)

(1) $3a^3b^2$

(2) $\dfrac{2a-5}{b+4}$

(3) $-4x+\dfrac{y-6}{x^2}$

(4) $\dfrac{y^3}{x+y}-\dfrac{5}{y}$

2 次の数量を表す式を書きなさい。(5点×3)

(1) 2000円を持って買い物に出かけ，a 円のりんごを5個と，b 円のみかんを2個と，c 円のスイカを2個買ったときのおつり

(2) あるクラスの男子は16人で平均点は a 点，女子は14人で平均点は b 点のとき，クラス全体の平均点

(3) 5%の食塩水 x g から50gの水が蒸発したあとの，残った食塩水の濃度

3 次の問いに答えなさい。(5点×3)

(1) 半径 r cm の半円の周りの長さは何 cm ですか。ただし，円周率は π とする。

重要 (2) a 円で仕入れた品物を500円で売りました。仕入れ値に対する利益の割合を求めなさい。

(3) 弟が分速100mで出発して x 分後に，兄が分速 y m で弟を追いかけました。兄が弟に追いついたのは何分後ですか。

第1章
第2章
第3章
第4章
第5章
第6章
第7章
総仕上げテスト

重要 **4** 次の数量の関係を等式または不等式で表しなさい。(5点×2)

(1) 家から 1200 m 離(はな)れた学校を往復するのに,行きは分速 x m,帰りは分速 y m で進んだところ,往復にかかった時間は 44 分だった。

(2) ある動物園の入場料は,おとな 1 人が a 円,中学生 1 人が b 円である。おとな 2 人と中学生 3 人の入場料の合計が 2000 円以下であった。 〔青森〕

5 次の計算をしなさい。(5点×6)

(1) $4(x+3)-(5x-4)$

(2) $0.2(a+7)+0.6(-2a-6)$

(3) $-\dfrac{4}{3}(2y+6)+\dfrac{5}{6}(-y+4)$

重要 (4) $8\left(\dfrac{1}{2}b-\dfrac{5}{4}\right)+6\left(-\dfrac{5}{2}b+\dfrac{1}{3}\right)$

重要 (5) $23x\times0.4+2.3x\times8-230x\times0.02$

(6) $-\dfrac{x-5}{4}+\dfrac{2x+1}{6}-\dfrac{-5x+4}{12}$

6 次の問いに答えなさい。(5点×2)

(1) ある会社の 5 月の水道水の使用量は,A 支店が a m³,B 支店が b m³ であった。8 月の水道水の使用量は,5 月と比較(ひかく)して,A 支店は 3 % 減少し,B 支店は 7 % 増加した。8 月の A 支店の水道水の使用量と B 支店の水道水の使用量の合計は何 m³ ですか。 〔新潟〕

難問 (2) 右の表で,どの縦,横,斜(なな)めの 3 つの式を加えても,和が等しくなるようにしたい。ア～ウにあてはまる式を求めなさい。〔和歌山〕

ア	$-4a+1$	$3a+1$
$2a+1$	1	ウ
イ	$4a+1$	$-a+1$

3 (1) 半円の周りの長さは,円周÷2＋半径×2 で求められる。

5 (5) 2.3x にそろえて簡単な式にしてから計算する。

6 (2) まず,3 つの式の和を求める。

Step ③ 実力問題②

解答▶別冊14ページ

1 次の式を，×や÷の記号を使わないで表しなさい。(6点×2)

(1) $a \div b \div c \times d$ 　　　　　　　　　　(2) $(x-y) \div 3 \div x$

2 次の式の値を求めなさい。(6点×4)

(1) $x=2$ のとき，$5x-3$ 　〔大阪〕　(2) $x=-2$ のとき，$\dfrac{24}{x^2}$ 　　　〔鳥取〕

(3) $a=3$ のとき，a^2-2a+1 　〔長崎〕　(4) $a=-3$ のとき，$a^2-\dfrac{1}{3}a$

3 次の問いに答えなさい。(6点×2)

(1) 1辺の長さが20cmの正方形を，隣り合う正方形が a cm ずつ
重なるように左から1列に4個ならべて，右の図のような長方
形をつくった。太線で示した，この長方形の周の長さを，a を
用いて表しなさい。

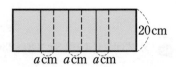

20cm

a cm a cm a cm

〔奈良〕

難問 (2) 3%の食塩水 a g に水 b g を加えると，2%以下の食塩水ができた。このことを不等式で表し
なさい。

4 次の□□□に示した内容が正しくなるように，① ，② のそれぞれにあてはまるも
のを，下の**ア～カ**から1つずつ選び，記号で答えなさい。(6点)　　　　　　　〔宮城〕

> 不等式 $2x+3<10$ は，「 ① は， ② 」という数量の関係を表している。

ア x を2倍して3を加えた数　　**イ** x に3を加えて2倍した数

ウ 10より大きい　　**エ** 10より小さい　　**オ** 10以上である　　**カ** 10以下である

5 次の**ア**〜**エ**のうち，$10a+b$ という式で表されるものをすべて選び，記号を書きなさい。(6点)

〔大阪〕

ア 10円硬貨 a 枚と1円硬貨 b 枚とを合わせた金額 (円)

イ 3辺の長さが 10 cm，a cm，b cm の三角形の周の長さ (cm)

ウ 1本 a 円の鉛筆 10 本の代金と1冊 b 円のノート1冊の代金との合計 (円)

エ 縦 a cm，横 10 cm の長方形の面積と縦 10 cm，横 b cm の長方形の面積との合計 (cm²)

6 次の問いに答えなさい。(8点×3)

難問

(1) A さんは，駅から毎時 4 km の速さで a km 離れた家に向かって歩きはじめた。15 分歩いたところで雨が降りだしたため，毎時 8 km の速さで走って家へ帰った。駅から家まで何時間かかりましたか。a を使って表しなさい。　　〔愛知〕

(2) 右の表は，自然数を1から順に横に5つずつ書き並べていったものである。この表で上から m 番目で左から n 番目の数を，m，n を用いて表しなさい。　　〔静岡〕

1	2	3	4	5
6	7	8	9	10
11	12	13	14	15
⋮	⋮	⋮	⋮	⋮

(3) 右の図は，底面の1辺の長さが 5 cm で，高さが a cm の正四角柱である。この正四角柱の表面積を a を用いて表しなさい。　　〔奈良〕

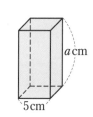

a cm

5 cm

7 右の図のように，1本 10 cm のリボンを 2 cm ののりしろでつなげていく。このとき，次の問いに答えなさい。(8点×2)

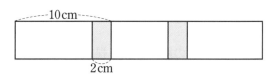

10 cm

2 cm

(1) リボンを5本つなげたとき，全体の長さは何 cm になりますか。

(2) リボンを n 本つなげたとき，全体の長さは何 cm になりますか。n を使って求めなさい。

ヒント

3 (1) 横の長さは，正方形の1辺の長さ4個分よりも $3a$ cm 分短くなる。

6 (2) 縦に数字を見ると，5ずつ増えている。

7 はじめの 10 cm から，のりしろをひいた 8 cm ずつ増えている。

10 1次方程式の解き方

重要点をつかもう

1 方程式

①まだわかっていない数を表す文字をふくむ等式を**方程式**という。

②方程式を成り立たせる文字の値を方程式の**解**といい，方程式の解を求めることを，**方程式を解く**という。

2 等式の性質の利用

①方程式を変形するには，次の**等式の性質**が使われる。

$A=B$ ならば，

$\boxed{1}$ $A+C=B+C$　$\boxed{2}$ $A-C=B-C$　$\boxed{3}$ $AC=BC$　$\boxed{4}$ $\dfrac{A}{C}=\dfrac{B}{C}$ $(C \neq 0)$

②等式の性質を使って両辺を整理し，$x=a$ の形にして方程式の解を求めることができる。

Step 1 基本問題

解答▶別冊15ページ

1 ［方程式の解］次の方程式のうち，解が4であるものには○，そうでないものには×をつけなさい。

(1) $2x=8$

(2) $-4x=16$

(3) $x-5=4$

(4) $-x+12=8$

(5) $-\dfrac{x}{2}=-2$

(6) $6x-10=14$

2 ［方程式の解］次の方程式のうち，解が -6 であるものには○，そうでないものには×をつけなさい。

(1) $3x=6$

(2) $-5x=30$

(3) $x+4=2$

(4) $-x-5=4$

(5) $\dfrac{x}{3}=-2$

(6) $2x-3=-8$

Guide

確認 方程式が成り立つ

方程式の文字にある値を代入し，左辺の値と右辺の値が等しくなるとき，方程式が成り立つという。

確認 方程式の解

方程式を成り立たせる x の値を**方程式の解**という。

x に解の値を代入して，等式が成り立つかどうかを確認する。

例 $2x+4=10$ の解は3

→ $2 \times 3+4=6+4=\underline{10}$

→ 10 は $2x+4=10$ の右辺の値と等しいので，3 はこの方程式の解である。

3 ［等式の性質］次の方程式を，等式の性質を使って解きなさい。

(1) $x+5=9$

(2) $x-6=8$

(3) $7+x=7$

(4) $-3+x=11$

(5) $x+\dfrac{1}{4}=\dfrac{9}{4}$

(6) $x-1.8=0.6$

 4 ［等式の性質］次の方程式を，等式の性質を使って解きなさい。

(1) $-x=6$

(2) $2x=10$

(3) $-4x=-12$

(4) $\dfrac{x}{2}=-3$

(5) $\dfrac{x}{6}=4$

(6) $-\dfrac{x}{4}=-6$

(7) $0.1x=-0.7$

(8) $-0.6x=3$

5 ［等式の性質］次の方程式を，等式の性質を使って解きなさい。

(1) $-x+5=2$

(2) $3x-5=7$

(3) $-5x-4=11$

(4) $0.5x+0.2=-1.3$

(5) $\dfrac{3}{5}x+2=-10$

(6) $\dfrac{1}{4}x-\dfrac{1}{2}=\dfrac{5}{8}$

第1章
第2章
第3章
第4章
第5章
第6章
第7章
総仕上げテスト

確認 **等式の性質**

①等式の両辺に同じ数をたしても，等式は成り立つ。
$A=B$ ならば，$A+C=B+C$

②等式の両辺から同じ数をひいても，等式は成り立つ。
$A=B$ ならば，$A-C=B-C$

③等式の両辺に同じ数をかけても，等式は成り立つ。
$A=B$ ならば，$AC=BC$

④等式の両辺を同じ数でわっても，等式は成り立つ。
$A=B$ ならば，
$\dfrac{A}{C}=\dfrac{B}{C}$ $(C\neq0)$

また，等式には次のような性質もある。

⑤等式の両辺を入れかえても等式は成り立つ。
$A=B$ ならば，$B=A$

くわしく **係数が分数**

方程式で x の係数が分数のときは，係数の逆数をかければよい。

例 $\dfrac{2}{3}x=4$

$\dfrac{2}{3}x\times\dfrac{3}{2}=4\times\dfrac{3}{2}$

$x=6$

11 いろいろな1次方程式

◀ 重要点をつかもう ▶

1 1次方程式の解き方

①左辺から右辺，右辺から左辺へ，符号を変えて項を移動することを**移項**という。

②1次方程式は，x をふくむ項を左辺に，数の項を右辺に移項し，$ax=b$ の形に整理して解く。

2 比例式の解き方

比例式の性質「$a:b=c:d$ ならば $ad=bc$」を利用して解く。

Step 1 基本問題

解答▶別冊16ページ

1 [方程式の解き方] 次の方程式を，移項を使って解きなさい。

(1) $x+5=6$

(2) $x-4=3$

(3) $x+4=9$

(4) $x-8=-2$

(5) $3x+4=-5$

(6) $-2x-6=-18$

(7) $x=4x-12$

(8) $-5x=-3x+8$

(9) $2x+8=x+4$

(10) $3x-4=-2x+6$

(11) $-3x+7=2x-3$

(12) $x-8=-2x+10$

(13) $-6x-4=-8x+4$

(14) $4x+12=9x-18$

Guide

確認 移項

移項するときは，符号を変える。

例　$2x+6=4$
　　　$2x=4-6$

覚える 1次方程式の解き方

① x をふくむ項は左辺に，数の項は右辺に移項する。

② $ax=b$ の形にする。

③両辺を a でわる。

例　$3x-6=5x-10$ ①
　　$3x-5x=-10+6$ ②
　　$-2x=-4$ ③
　　$x=2$

くわしく 1次方程式

移項して整理すると，
（1次式）$=0$ の形になる方程式を1次方程式という。

2 ［かっこのある方程式］次の方程式を解きなさい。

(1) $2(x+6)=16$

(2) $-3(-2x+4)=24$

(3) $7x-6=3(x-4)$

(4) $4(-2+3x)=10x+4$

(5) $2x-3(4-2x)=4$

(6) $2(3x+7)=-4(x+4)$

 注意 かっこをはずす

分配法則でかっこをはずすとき，符号に気をつける。

例 $-3(4-2x)=-12+6x$

後ろの項の符号に注意する。

重要 3 ［小数・分数のある方程式］次の方程式を解きなさい。

(1) $0.5x+0.3=-1.2$

(2) $0.3x+0.8=-0.4$

(3) $0.2x-0.32=0.04x$

(4) $0.9x+2=-2.5$

(5) $\dfrac{1}{4}x+1=-8$

(6) $\dfrac{-x+10}{6}=-x$

(7) $\dfrac{1}{2}x-5=\dfrac{2}{3}x$

(8) $\dfrac{2}{5}x-1=\dfrac{1}{2}x+3$

 くわしく 小数・分数の係数

係数の小数・分数は整数になおす。

▶ **小数**…両辺を10倍，100倍する。

▶ **分数**…両辺に分母の最小公倍数をかけて分母をはらう。

4 ［比例式］次の比例式を解きなさい。

(1) $x:6=3:2$

(2) $8:1=4x:3$

(3) $4:x=3:5$

(4) $2x:6=2:7$

(5) $\dfrac{1}{3}:\dfrac{1}{4}=8:x$

(6) $0.25:x=0.2:0.8$

 確認 比例式

$a:b=c:d$ のような，比が等しいことを表す式を**比例式**という。

 覚える 比例式の解き方

比例式の外項の積と内項の積は等しいので，

$a:b=c:d$ ならば，

$ad=bc$

Step ② 標準問題

解答▶別冊17ページ

1 次の方程式を解きなさい。(4点×9)

(1) $x+6=3x-8$ 〔東 京〕

(2) $2x-6=5x$ 〔奈 良〕

(3) $4x-10=-5x+8$ 〔福 岡〕

(4) $5-6x=2x-11$ 〔長 崎〕

(5) $-3x+4=2x-6$

(6) $-4x-10=5x+17$

(7) $6+8x=4x+5$

(8) $-9-x=15+8x$

(9) $2x+10-8x=-10-3x+2$

2 次の方程式を解きなさい。(2点×6)

(1) $2(x+5)=4$

(2) $3(-x+4)=x$

(3) $-2(x-4)=3(2x-8)$

(4) $4(-x+4)=-2(-x+7)$

(5) $-(x+1)+2(4x-6)=3(2x-5)$

(6) $-4(2x-5)=5(-x+3)-2(3x-10)$

3 次の方程式を解きなさい。(2点×4)

(1) $0.5x+0.3=0.2x+1.8$

(2) $-0.3x+1.4=0.4x+3.5$

(3) $0.04x+0.24=-0.08x-0.36$

(4) $-0.02x-0.1=0.06x-0.5$

重要 **4** 次の方程式を解きなさい。(4点×8)

(1) $\dfrac{x}{3}+1=\dfrac{2}{3}x-4$

(2) $-\dfrac{x}{2}+\dfrac{1}{2}=\dfrac{2}{3}x-\dfrac{2}{3}$

(3) $\dfrac{x}{4}-\dfrac{3}{8}=\dfrac{5}{8}x+\dfrac{1}{4}$

(4) $\dfrac{3}{2}x+\dfrac{4}{3}=-\dfrac{3}{4}x+\dfrac{1}{6}$

(5) $\dfrac{-x+5}{5}=\dfrac{x-2}{4}$

(6) $\dfrac{3x+4}{6}=\dfrac{-2x-7}{9}$

(7) $\dfrac{3x-7}{2}+\dfrac{2x+1}{3}=\dfrac{5x+2}{4}$

(8) $\dfrac{-x+4}{3}-\dfrac{3x-5}{8}=\dfrac{-4x+9}{6}$

5 次の比例式を解きなさい。(2点×4)

(1) $2:5=(x+1):10$

(2) $4:(3x-2)=6:13$

(3) $\dfrac{2}{3}:3x=\dfrac{1}{4}:2$

(4) $\dfrac{2}{7}:\dfrac{x}{5}=\dfrac{1}{2}:\dfrac{5}{8}$

重要 **6** 次の問いに答えなさい。(2点×2)

(1) x についての1次方程式 $ax-4=5x+2$ の解が3であるとき，a の値を求めなさい。〔三 重〕

(2) x についての1次方程式 $2ax-4=-ax+8$ の解が -2 であるとき，a の値を求めなさい。

3 両辺を10倍または100倍して係数を整数になおす。

4 分母の最小公倍数を両辺にかけて，係数を整数になおす。

6 (1) $x=3$ を代入して，文字が a だけの式にする。

12

1次方程式の利用

重要点をつかもう

1 方程式を使って問題を解く手順

①問題の意味を考えて，何を x で表すかを決める。

②等しい数量に着目して方程式をつくる。

③方程式を解く。

④方程式の解が問題に適しているかどうかを調べる。

Step **1** 基本問題

解答▶別冊19ページ

1 ［個数と代金］1個 90 円のオレンジと 1個 150 円のりんごを合わせて 12 個買い，代金の合計を 1500 円にしたい。次の問いに答えなさい。

(1) オレンジを x 個買うとして，下の表の空らんをうめなさい。

	1個の値段(円)	個数(個)	代金(円)
オレンジ	90	x	①
りんご	150	②	③
合計		12	1500

(2) 上の表から，方程式をつくりなさい。

(3) オレンジとりんごをそれぞれ何個買えばよいですか。

重要 2 ［連続する整数］3，4，5 のように，連続した 3 つの整数の和が 39 である。これについて，次の問いに答えなさい。

(1) 最も小さい数を x として，方程式をつくりなさい。

(2) 真ん中の数を x として，方程式をつくりなさい。

(3) この 3 つの数を求めなさい。

Guide

確認 方程式を使って問題を解くときのポイント

▶求める数量を x で表すことが多いが，他の数量を x で表したほうが方程式をつくりやすい場合もある。

▶問題の数量を表に整理したり，図に表したりすると，等しい関係が見つけやすい。

 くわしく 方程式をつくる

方程式をつくることを，「方程式を立てる」または「方程式を立式する」ともいう。

3 [速さ] 弟は家を出発して図書館に向かった。その3分後に, 兄は家を出発して弟を追いかけた。弟の歩く速さを毎分60 m, 兄の歩く速さを毎分75 m とする。次の問いに答えなさい。

(1) 兄が出発してから x 分後に弟に追いつくとして, 下の表の空らんをうめなさい。

	速さ(m/min)	時間(分)	道のり(m)
弟	60	①	②
兄	75	x	③

(2) 上の表から, 方程式をつくりなさい。

(3) 兄は家を出発してから何分後に弟に追いつきますか。

重要 4 [過不足] 折り紙を何人かの子どもに分けるのに, 1人に5枚ずつ分けると7枚足りない。1人に4枚ずつ分けると8枚余る。このとき, 次の問いに答えなさい。

(1) 子どもの人数を x 人として方程式をつくり, 子どもの人数と折り紙の枚数を求めなさい。

(2) 折り紙の枚数を x 枚として方程式をつくり, 子どもの人数と折り紙の枚数を求めなさい。

5 [お金の分配] 2500円を姉妹2人で分けるのに, 姉の分は妹の分の2倍よりも500円少なくなるようにしたい。このとき次の問いに答えなさい。

(1) 妹がもらった金額を x 円として方程式をつくりなさい。

(2) 姉と妹がもらった金額をそれぞれ求めなさい。

第1章
第2章
第3章
第4章
第5章
第6章
第7章
総仕上げテスト

覚える 方程式を利用する問題でよく使われる公式

▶ 速さ $=\dfrac{道のり}{時間}$　時間 $=\dfrac{道のり}{速さ}$

道のり $=$ 速さ $\times$ 時間

▶ a g の x %増 $\to a\left(1+\dfrac{x}{100}\right)$ g

a g の x %減 $\to a\left(1-\dfrac{x}{100}\right)$ g

▶ 食塩の重さは,

食塩水の重さ $\times \dfrac{食塩水の濃度(\%)}{100}$

注意 解を調べるときのポイント

方程式の解は, 必ずしも問題の答えであるとは限らない。例えば, 個数や人数を求める問題では, 解は自然数でなければならない。

1 次のある数をそれぞれ求めなさい。(6点×3)

(1) ある数を3倍して7をたしたあと，2倍したところ −16 になった。

(2) ある数に6をたして4でわった数は，ある数を2でわった数と等しくなった。

(3) ある数を5倍して6をひいた数と，ある数を8倍して12をたした数は等しくなった。

2 連続する3つの整数の和が48のとき，3つの整数を求めなさい。(6点)

3 50円切手と84円切手を合わせて23枚買ったところ，代金の合計が1422円だった。このとき，買った50円切手と84円切手の枚数をそれぞれ求めなさい。(6点)

4 次の問いに答えなさい。(7点×3)

(1) 同じ値段のノートを10冊買うには，持っているお金では200円足りないが，8冊買うと100円余る。ノート1冊の値段を求めなさい。

(2) 鉛筆を何人かの子どもに配る。1人に10本ずつ配ると23本足りなくなり，1人に9本ずつ配ると2本余る。鉛筆の本数は何本か，求めなさい。　〔秋 田〕

(3) お菓子を何人かの子どもに配る。1人に8個ずつ配ると120個足りなくなり，1人に5個ずつ配ると45個足りなくなる。子どもの人数とお菓子の個数を求めなさい。

重要 5 次の問いに答えなさい。(7点×4)

(1) 1800 m ある池の周りを兄と弟が同じ地点から反対方向に進んだところ，10分後に出会いました。弟の速さが分速80 mのとき，兄の速さは分速何mですか。

(2) 妹が家を出発して8分後に，姉が妹の忘れ物に気づいたので，走って追いかけた。妹が分速50 m，姉が分速90 mで進んだとき，姉が出発してから何分後に追いつきましたか。

(3) A地点から12 km離れたB地点へ行くのに，はじめは時速9 kmで走り，途中から時速6 kmで歩いて進んだところ，1時間30分かかった。このとき，歩いた道のりは何kmですか。

(4) 家から学校まで，行きは分速75 mで向かい，帰りは分速60 mで帰ったところ，帰りのほうが5分多くかかった。家から学校までの道のりは何kmですか。

重要 6 2けたの正の整数がある。その整数の一の位は十の位より5大きい。また，十の位と一の位を入れかえた数は，もとの整数の3倍より9小さい。これについて次の問いに答えなさい。

(7点×2)

(1) もとの整数の十の位を x として，もとの整数と十の位と一の位を入れかえた数の関係の式を表しなさい。

(2) もとの整数を求めなさい。

記述式 7 はじめ兄は弟の2倍の所持金を持っていた。母から兄は3000円，弟は500円のおこづかいをもらったところ，兄の所持金は弟の所持金の3倍になった。はじめ弟はいくら持っていましたか。求め方も書きなさい。(7点)

ヒント 5 (1) 兄と弟の進んだ道のりの和が池の周りの道のりと等しくなる。
6 2けたの正の整数は，十の位が x，一の位が y のとき，$10x+y$ でその数を表すことができる。
7 はじめの弟の所持金を x 円とすると，兄は $2x$ 円と表すことができる。

Step ③ 実力問題①

1 次の方程式を解きなさい。(6点×5)

(1) $2(x+6)=-3(x-14)$

(2) $-5(2x-4)=4(-x+7)$

(3) $\dfrac{3x+11}{4}=\dfrac{-2x-3}{6}$

(4) $0.3(x-4)=0.8(3x+9)$

(5) $0.6(2x+4)-\dfrac{2}{5}(-x+1)=-0.2(2x+5)$

2 x についての1次方程式 $x+5a-2(a-2x)=4$ の解が $-\dfrac{2}{5}$ となる a の値を求めなさい。(7点)

〔秋 田〕

3 連続する5つの奇数の和が75であるとき,この5つの奇数を求め,小さいものから順に並べなさい。(7点)

4 1辺の長さが x cm の正方形がある。縦の長さを3cm,横の長さを8cm長くしたところ,79 cm² 面積が大きくなった。x の値を求めなさい。(8点)

5 100本のマッチ棒を使って右の図のように,マッチ棒を並べて右方向にのみ正方形をつくっていくとき,正方形は何個つくることができるか求めなさい。(8点) 〔鳥 取〕

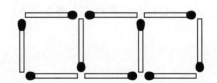

6 ある店で定価が同じ2枚のハンカチを3割引きで買った。2000円を支払ったところ，おつりは880円であった。このハンカチ1枚の定価はいくらか求めなさい。(8点) 〔愛　知〕

難問 7 1％の食塩水100gに食塩を加え，4％の食塩水をつくりたい。食塩を何g加えればよいですか。(8点) 〔都立産業技術高専〕

重要 8 ある中学校の文化祭で，何台かの長机に，立体作品を並べて展示することになった。
長机1台に立体作品を4個ずつ並べると，立体作品を15個並べることができなかった。
そこで，長机1台に立体作品を5個ずつ並べなおしたところ，最後の長机1台には立体作品が2個だけになった。太郎さんと花子さんは，長机の台数と立体作品の個数を求めるために，それぞれ次の解き方を考えた。このとき，あとの問いに答えなさい。(8点×3) 〔富　山〕

太郎さんの解き方
長机の台数を x 台として，方程式をつくると， $4x+15=$ ①

花子さんの解き方
立体作品の個数を x 個として，方程式をつくると， $\dfrac{x-15}{4}=$ ②

(1) 太郎さんの解き方の①にあてはまる式を，x を使った式で表しなさい。

(2) 花子さんの解き方の②にあてはまる式を，x を使った式で表しなさい。

(3) 長机の台数と立体作品の個数をそれぞれ求めなさい。

ヒント
3 連続する奇数は2つずつ大きくなっている。
4 図をかいてみるとわかりやすい。
5 マッチ棒が何本ずつ増えていくか考える。

【　　月　　日】

Step ③ 実力問題②

時 間	合格点	得 点
40分	80点	点

解答▶別冊22ページ

1 次の方程式を解きなさい。(6点×4)

(1) $3(2x-1)=2(4x+3)-5$　〔日本大山形高〕

(2) $\dfrac{5x+1}{4}-\dfrac{2x+1}{2}=2$　〔駿台甲府高〕

(3) $\dfrac{2x-5}{3}-\dfrac{x-3}{2}=\dfrac{1}{4}$　〔高知学芸高〕

(4) $2\left(\dfrac{2x+1}{4}-\dfrac{x-3}{6}\right)=\dfrac{x+5}{2}$　〔大阪桐蔭高〕

2 $(x+3):5=(x-2):2$ のとき，x の値を求めなさい。(7点)　〔東京工業大附属科学技術高〕

3 下の図のように，1辺の長さが5cmの正方形の紙 n 枚を，重なる部分がそれぞれ縦5cm，横1cmの長方形になるように，1枚ずつ重ねて1列に並べた図形をつくる。これについて次の問いに答えなさい。(8点×2)　〔三　重〕

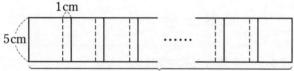

1cm

5cm

正方形の紙 n 枚を1枚ずつ重ねて1列に並べた図形

(1) 正方形の紙 n 枚を1枚ずつ重ねて1列に並べた図形の面積を n を使って表しなさい。

(2) 面積が165cm² になるのは何枚の紙を重ねたときか求めなさい。

難問 4 ある店で，昨日，ショートケーキが200個売れた。今日は，ショートケーキ1個の値段を昨日よりも30円値下げして販売したところ，ショートケーキが売れた個数は昨日よりも20％増え，ショートケーキの売り上げは昨日よりも5400円多くなった。このとき，昨日のショートケーキ1個の値段を求めなさい。(8点)　〔茨　城〕

5 ある列車が, 次の(ア), (イ)の条件を満たすように等速度で走っているものとする。

(ア) 420 m の鉄橋を渡りはじめてから渡り終わるまでに 36 秒間かかった。

(イ) 1320 m のトンネルを通過するとき, 1 分 20 秒間は列車の全体がトンネルにかくれていた。

列車の長さを x m として, 次の問いに答えなさい。(7点×3)　　　　　　〔岡　山〕

(1) (ア)から, 列車の秒速を x を用いて表しなさい。

(2) (イ)から, 列車の秒速を x を用いて表しなさい。

(3) この列車の長さを求めなさい。

6 クラスで記念作品をつくるために 1 人 700 円ずつ集めた。予定では全体で 500 円余る見込みであったが, 見込みよりも 7500 円多く費用がかかった。そのため, 1 人 200 円ずつ追加して集めたところ, かかった費用を集めたお金でちょうどまかなうことができた。記念作品をつくるためにかかった費用は何円か求めなさい。(8点)　　　　　　〔愛　知〕

難問 7 A 市の家庭における 1 か月あたりの水道料金は,

　　(水道料金)＝(基本料金)＋(水の使用量に応じた使用料金)

となっている。使用量が 30 m³ までは 1 m³ あたりの使用料金が一定であり, 使用量が 30 m³ を超えた分の 1 m³ あたりの使用料金は, 使用量が 30 m³ までの 1 m³ あたりの使用料金より 80 円高くなっている。A 市の, ある家庭における 1 か月の水道料金は, 使用量が 32 m³ のときは 5310 円, 使用量が 28 m³ のときは 4710 円だった。(8点×2)　　　　　　〔山　形〕

(1) 使用量が 30 m³ までの 1 m³ あたりの使用料金を x 円として 1 次方程式をつくりなさい。

(2) 使用量が 30 m³ までの 1 m³ あたりの使用料金を求めなさい。

ヒント

5 (1) 渡りはじめてから渡り終わるまでに列車が進む道のりは, 列車の長さ＋鉄橋の長さ
　　(2) トンネルにかくれているときに列車が進む道のりは, トンネルの長さ－列車の長さ
6 クラスの人数を x 人として, 方程式をつくる。

13 比例と反比例

重要点をつかもう

1 関数

2つの変数 x, y があって，x の値を決めると対応する y の値もただ1つに決まるとき，**y は x の関数である**という。

2 比例

① 2つの変数 x, y の関係が，**$y=ax$（a は比例定数）** と表されるとき，**y は x に比例する**という。

② y が x に比例するとき，x の値が2倍，3倍，…になると，y の値も2倍，3倍，…になる。

3 反比例

① 2つの変数 x, y の関係が $y=\dfrac{a}{x}$（a は比例定数）と表されるとき，**y は x に反比例する**という。

② y が x に反比例するとき，x の値が2倍，3倍，…になると，y の値は $\dfrac{1}{2}$ 倍，$\dfrac{1}{3}$ 倍，…になる。

Step 1 基本問題

解答▶別冊23ページ

1 [関数] 50個のみかんを1人に2個ずつ x 人に配ったときの，残りのみかんの個数を y 個とするとき，次の問いに答えなさい。

(1) y を x の式で表しなさい。

(2) y は x の関数であるといえますか。

2 [変域] x の変域が -1 より大きく5以下であることを不等号を使って表しなさい。

3 [比例] 次のことがらについて，y が x に比例することを示しなさい。また，その比例定数をいいなさい。

(1) 50円切手を x 枚買うときの代金が y 円である。

(2) 時速5kmで x 時間歩いたら，y km 進んだ。

(3) 底辺が14cm，高さが x cm の三角形の面積は y cm^2 である。

Guide

 確認 変数・定数・変域

▶ **変数**…いろいろな値をとる文字。
▶ **定数**…決まった数。
▶ **変域**…変数のとりうる値の範囲。

 くわしく x の変域

x の変域が，-1 以上2未満のとき，数直線では，下の図のように表す。

$$-1 \leqq x < 2$$

その数をふくむ ふくまない

$$-1 \quad 0 \quad 1 \quad 2$$

重要 **4** [比例の式の表し方] y が x に比例するとき，次の問いに答えなさい。

(1) $x=5$ のとき $y=-15$ である。y を x の式で表しなさい。また，$x=-3$ のときの y の値を求めなさい。

(2) $x=-6$ のとき $y=-3$ である。y を x の式で表しなさい。また，$x=7$ のときの y の値を求めなさい。

5 [反比例] 次のことがらについて，y が x に反比例することを示しなさい。また，その比例定数をいいなさい。

(1) 150 cm のひもを x 等分すると，1 本の長さは y cm になる。

(2) 面積が 10 cm^2 の三角形の底辺を x cm，高さを y cm とする。

(3) 6 km の道のりを時速 x km で進むと y 時間かかる。

重要 **6** [反比例の式] 次の問いに答えなさい。

(1) y は x に反比例し，$x=5$ のとき $y=6$ である。このとき，y を x の式で表しなさい。

(2) y は x に反比例し，$x=2$ のとき $y=-6$ である。このとき，y を x の式で表しなさい。また，$x=-4$ のときの y の値を求めなさい。

(3) y は x に反比例し，$x=-4$ のとき $y=-8$ である。このとき，y を x の式で表しなさい。また，$y=16$ のときの x の値を求めなさい。

第1章
第2章
第3章
第4章
第5章
第6章
第7章
総仕上げテスト

確認 比例の式の比例定数の求め方

► $y=ax$（a は比例定数）に x，y の値を代入し，a の値を求める。

► $x \neq 0$ のとき，$\dfrac{y}{x}$ の値は一定で比例定数 a に等しいので，$y \div x$ の商を求める。

注意 反比例の式の比例定数

反比例の式 $y=-\dfrac{5}{x}$ は $y=\dfrac{-5}{x}$ と表せるので，比例定数は -5 である。

確認 反比例の式の比例定数の求め方

► $y=\dfrac{a}{x}$（a は比例定数）に x，y の値を代入し，a の値を求める。

► xy の値は一定で比例定数 a に等しいので，$x \times y$ の積を求める。

Step 2 標準問題

解答▶別冊24ページ

1 次の**ア〜オ**のうち，y が x に比例するものはどれですか。すべて選び，記号を書きなさい。(6点)　〔大 阪〕

ア 面積が $20\,\mathrm{cm}^2$ であるひし形の2本の対角線のそれぞれの長さ $x\,\mathrm{cm}$ と $y\,\mathrm{cm}$

イ 1本 x 円の鉛筆12本の代金 y 円

ウ 8mのひもを x 人で同じ長さに分けたときの1人分のひもの長さ $y\,\mathrm{m}$

エ x mの道のりを分速120mで進むときにかかる時間 y 分

オ コップの中の水 $70\,\mathrm{mL}$ から $x\,\mathrm{mL}$ 飲んだときのコップの中に残った水の量 $y\,\mathrm{mL}$

2 次の問いに答えなさい。□□には，あてはまる数や式を求めなさい。(8点×3)

(1) y は x に比例し，$x=6$ のとき $y=-18$ である。このとき，x，y の関係を式に表すと，$y=$ □□□ である。　〔島 根〕

(2) y は x に比例し，$x=2$ のとき $y=6$ である。$x=8$ のときの y の値を求めなさい。　〔山 口〕

(3) y は x に比例し，$x=3$ のとき $y=-9$ である。$x=-2$ のときの y の値を求めなさい。　〔富 山〕

重要 **3** Aさんは分速50mの速さで歩いて，家から2km離れた駅まで行くことにした。x 分間歩いたときの進んだ道のりを $y\,\mathrm{m}$ として，次の問いに答えなさい。(8点×3)

(1) y を x の式で表しなさい。

(2) x の変域を求めなさい。

(3) y の変域を求めなさい。

重要 **4** 次の**ア**〜**エ**のうち，y が x に反比例するものはどれですか。適当なものを1つ選び，その記号を書きなさい。(6点)　〔愛媛〕

ア 1冊150円のノートを x 冊買ったときの代金 y 円

イ 周囲の長さが30cmの長方形で，縦の長さを x cm としたときの横の長さ y cm

ウ 面積が20cm² の三角形で，底辺の長さを x cm としたときの高さ y cm

エ 水が30L入っている容器から，毎分2Lの割合で x 分間水を抜いたときの容器に残っている水の量 y L

5 次の問いに答えなさい。(8点×4)

(1) y は x に反比例し，$x=-2$ のとき $y=3$ である。y を x の式で表しなさい。　〔福島〕

(2) y は x に反比例し，$x=2$ のとき $y=4$ である。このとき，比例定数を求めなさい。　〔和歌山〕

(3) y は x に反比例し，$x=3$ のとき $y=-4$ である。$x=-2$ のときの y の値を求めなさい。　〔香川〕

(4) y は x に反比例し，$x=3$ のとき $y=-3$ である。$x=18$ のときの y の値を求めなさい。　〔京都〕

6 右の表は，y が x に反比例する関係を表したものである。表のアにあてはまる数を求めなさい。(8点)　〔山梨〕

x	…	-3	-2	-1	0	1	…	6	…
y	…	8	12	24	✕	-24	…	ア	…

★★

1, **4** 実際に式を立てて求める。
2 y が x に比例するから，比例定数を a とすると，$y=ax$
5 y が x に反比例するから，比例定数を a とすると，$y=\dfrac{a}{x}$

14 座標とグラフ

重要点をつかもう

1 座標軸と座標

①右の図で，横の数直線を **x 軸**，縦の数直線を **y 軸**といい，x 軸と y 軸を合わせて**座標軸**という。また，座標軸の交点 O を**原点**という。

②右の図で，2 を点 A の **x 座標**，3 を点 A の **y 座標**といい，(2, 3)を点 A の**座標**という。

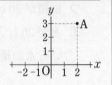

2 比例と反比例のグラフ

①比例 $y=ax$ のグラフは，原点を通る**直線**である。

②反比例 $y=\dfrac{a}{x}$ のグラフは**双曲線**である。

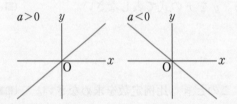

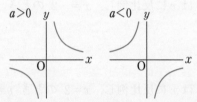

Step 1 基本問題

解答▶別冊25ページ

重要 1 [座標] 右の図で，点 A，B，C の座標をいいなさい。また，次の点を右の図に示しなさい。

D(3, −4)

E(−5, 0)

F(0, −2)

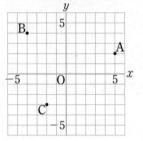

2 [比例のグラフ] 次の比例のグラフを，右の図にかきなさい。

(1) $y=2x$

(2) $y=-3x$

(3) $y=\dfrac{1}{2}x$

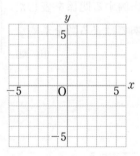

Guide

くわしく 座標の符号

下の図のように，座標の符号は座標軸によって 4 つの部分に分けられる。

(−, +)	(+, +)
(−, −)	(+, −)

確認 比例のグラフのかき方

比例のグラフは原点を通る直線なので，原点と原点以外の 1 点を通る直線をひく。

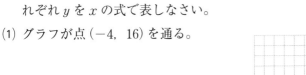

重要 **3** [比例のグラフ] y が x に比例し，次の条件をみたすとき，それぞれ y を x の式で表しなさい。

(1) グラフが点 $(-4, 16)$ を通る。

(2) グラフが右の図の直線である。

(3) x の値が 1 増加すると，y の値は 8 増加する。

(4) x の値が 5 増加すると，y の値は 3 減少する。

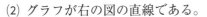

くわしく　増加量から比例定数を求める

$y = ax$ の式で，

$$a = \frac{y \text{ の増加量}}{x \text{ の増加量}}$$

と求めることができる。

4 [反比例のグラフ] $y = -\dfrac{8}{x}$ について，次の問いに答えなさい。

(1) x の値に対応する y の値を求め，下の表の空らんをうめなさい。

x	…	-8	-5	-4	-2	-1	0	1	2	4	5	8	…
y	…						✕						…

(2) 上の表を用いて，右の図に $y = -\dfrac{8}{x}$ のグラフをかきなさい。

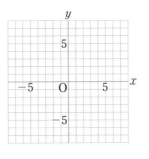

(3) 右の図に $y = \dfrac{8}{x}$ のグラフをかきなさい。

確認　反比例のグラフのかき方

対応する x，y の値の組を座標とする点をとり，それらの点をなめらかな曲線で結ぶ。

重要 **5** [反比例のグラフ] 右の(1)〜(4)のグラフについて，y を x の式で表しなさい。

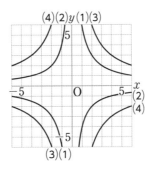

くわしく　反比例のグラフの特徴

原点について対称だから，点 (p, q) がグラフ上にあるとき，点 $(-p, -q)$ もグラフ上にある。

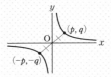

Step ② 標準問題

解答▶別冊25ページ

1 次の各点について，x軸について対称な点，y軸について対称な点，原点について対称な点の座標をそれぞれ求めなさい。(5点×4)

(1) A(2, 5)

(2) B(−1, 3)

(3) C(4, −2)

(4) D(−3, −6)

2 次の(1)〜(4)のグラフを右の図にかきなさい。(5点×4)

(1) $y=3x$

(2) $y=-x$

(3) $y=\dfrac{4}{3}x$

(4) $y=-\dfrac{3}{4}x$

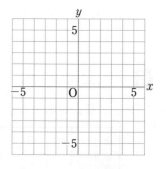

3 右の(1)〜(4)のグラフは，比例のグラフである。それぞれの比例定数を求め，yをxの式で表しなさい。(5点×4)

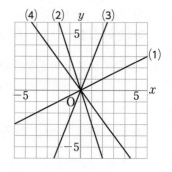

4 次のそれぞれについてyをxの式で表し，そのグラフをかきなさい。(4点×2)

(1) yはxに比例し，$x=3$のとき$y=9$である。

(2) yはxに比例し，$x=6$のとき$y=-4$である。

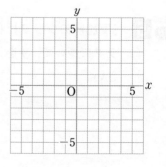

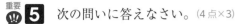

5 次の問いに答えなさい。(4点×3)

(1) 下の**ア〜エ**のうち，関数 $y=2x$ のグラフ上にある点を1つ選び，記号で答えなさい。〔福 島〕

ア 点$(0, 2)$　　**イ** 点$(1, 3)$　　**ウ** 点$(2, 4)$　　**エ** 点$(4, 2)$

(2) y は x に比例し，x の値が3増加するとき，y の値は4減少する。このとき，次の問いに答えなさい。〔群 馬〕

①y を x の式で表しなさい。

②y の値が6のときの x の値を求めなさい。

6 次の問いに答えなさい。(5点×2)

(1) 反比例のグラフが2点$(6, 1)$，$(2, b)$を通るとき，b の値を求めなさい。〔栃 木〕

(2) y は x に反比例し，そのグラフが右の図のようになるとき，y を x の式で表しなさい。〔新 潟〕

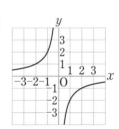

7 次の問いに答えなさい。(5点×2)

(1) y は x に比例し，その比例定数は負の数である。x の変域が $-6 \leqq x \leqq 3$ のとき，y の変域は $-7 \leqq y \leqq \boxed{}$ になる。〔宮 城〕

(2) 関数 $y = \dfrac{12}{x}$ で，x の変域を $1 \leqq x \leqq 4$ とするとき，y の変域を求めなさい。〔茨 城〕

★─★

5 グラフにかいてみるとわかりやすくなる。

6 わかりやすい座標を見つけ，そこから比例の式を求める。

7 (1) 比例定数が負の数なので，x が最小の値のとき，y は最大の値になる。

15 比例と反比例の利用

🎯 重要点をつかもう

1 比例と反比例の利用

①比例や反比例の関係を利用して，身のまわりの問題を解決することができる。

　例　比例の関係…紙の枚数と重さ，くぎの本数と重さなど。

　　　反比例の関係…かみ合う歯車での歯車の歯数と回転数，一定の道のりを進むときの速さとかかる時間など。

②ともなって変わる2つの数量が，比例ならば $y=ax$，反比例ならば $y=\dfrac{a}{x}$ を利用する。

Step 1 基本問題

解答▶別冊27ページ

1 [比例の関係] 同じ種類のくぎが何本もある。くぎの重さは本数に比例する。くぎ30本の重さをはかったら54gあった。次の問いに答えなさい。

(1) x 本のくぎの重さを y g とするとき，y を x の式で表しなさい。

(2) くぎ100本の重さは何gですか。

(3) くぎの重さが360gあるとき，くぎは何本ありますか。

2 [比例の関係] 2mの重さが28gの針金がある。このとき，次の問いに答えなさい。

(1) 11mの針金の重さは何gですか。

(2) 700gの針金の長さは何mですか。

3 [比例の関係] コピー用紙がたくさんある。50枚のコピー用紙の重さをはかったら180gあった。コピー用紙の重さが1080gあるとき，何枚ありますか。

Guide

　比例の利用

ともなって変わる2つの数量の関係が比例になるか調べる。

↓

比例なら $y=ax$

↓

比例定数 a の値を求める。

↓

y を x の式で表す。これに x または y の値を代入して，答えを求める。

重要 **4** [反比例の関係] 60 L 入る水そうに毎分 x L の割合で水を入れると，y 分でいっぱいになった。次の問いに答えなさい。

(1) y を x の式で表しなさい。

(2) 毎分 15 L の割合で水を入れると，何分でいっぱいになりますか。

(3) 5 分で水そうをいっぱいにするには，毎分何 L の割合で水を入れればよいですか。

確認　反比例の利用

ともなって変わる 2 つの数量の関係が反比例になるか調べる。

↓

反比例なら　$y = \dfrac{a}{x}$

↓

比例定数 a の値を求める。

↓

y を x の式で表す。これに x または y の値を代入して，答えを求める。

重要 **5** [比例のグラフの利用] 姉と弟が同時に家を出発し，家から 900 m 離れた学校に向かった。右のグラフは 2 人が家を出発してから x 分後の道のりを y m として，x と y の関係を表したものである。次の問いに答えなさい。

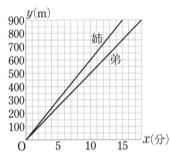

(1) 姉と弟それぞれについて，y を x の式で表しなさい。

(2) 出発してから 6 分後，姉と弟はそれぞれ家から何 m のところにいますか。

(3) 姉が学校に着いたとき，弟は学校まであと何 m のところにいますか。

くわしく　道のりと時間を表すグラフ

下の図のような，x 軸に時間，y 軸に道のりをとった比例のグラフでは，比例定数が速さになる。

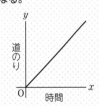

1 深さ40 cm の空の円柱形の容器に水を入れていく。水面の高さが毎分5 cm の割合で高くなっていくとき，水を入れ始めてから x 分後の水面の高さを y cm とする。次の問いに答えなさい。(6点×3)

(1) y を x の式で表しなさい。

(2) x の変域を求めなさい。

(3) 水面の高さが35 cm になるのは，水を入れ始めてから何分後ですか。

2 歯数が35で，毎分16回転している歯車Aがある。この歯車Aに歯車Bがかみ合って回転しているとき，次の問いに答えなさい。(6点×2)

(1) 歯車Bの歯数が28であるとき，歯車Bは毎分何回転しますか。

(2) 歯車Bを毎分35回転させたいとき，歯車Bの歯数はいくつにすればよいですか。

重要 3 右の図のように，関数 $y = \dfrac{3}{2}x$ のグラフと関数 $y = \dfrac{a}{x}$ のグラフが点P，点Qで交わっている。点Pの x 座標が2のとき，次の問いに答えなさい。(7点×2)

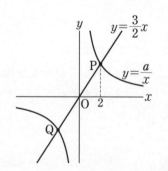

(1) a の値を求めなさい。

(2) 点Qの座標を求めなさい。

4 右の図のような長方形 ABCD で，点 P は辺 BC 上を B から C まで動く。BP を x cm，三角形 ABP の面積を y cm² として，次の問いに答えなさい。(8点×3)

(1) y を x の式で表しなさい。また，x の変域も求めなさい。

(2) 右の図にグラフをかきなさい。

(3) グラフを利用して，面積が 12 cm² になるときの BP の長さを求めなさい。

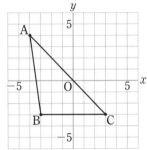

重要 5 次のグラフ上の図形の面積を求めなさい。ただし，座標の 1 目盛りを 1 cm とする。(8点×4)

(1)
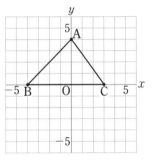

(2)

(3)
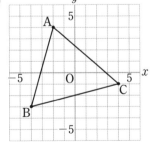

(4)
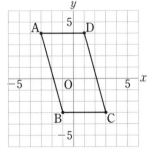

- -

ヒント

4 (2) まず，y の変域について考える。

3 (1) 点 P は $y = \dfrac{3}{2}x$ 上の点でもあり，$y = \dfrac{a}{x}$ 上の点でもある。

5 (3) 長方形で囲んで，長方形から周りの三角形の面積をひいて求める。

59

Step 3 実力問題①

時間 35分　合格点 80点　得点 点

解答▶別冊28ページ

1 次の問いに答えなさい。(6点×4)

(1) 水の入っていない風呂がある。この風呂に，毎分3Lずつ水を入れるとき，xLたまるまでにy分かかるとして，yをxの式で表しなさい。

(2) 8等分すると1本の長さが2mになるテープを，x等分すると1本の長さがymになる。yをxの式で表しなさい。　〔秋田〕

(3) A市からB市まで，毎時60kmの速さで行くと8時間かかる。A市からB市まで毎時$x$kmの速さで行くとy時間かかるとして，yをxの式で表しなさい。

(4) 面積が12cm²の長方形がある。横の長さを$x$cm，縦の長さを$y$cmとして，yをxの式で表したものを，次の**ア〜エ**のうちから1つ選び，記号で答えなさい。　〔千葉〕

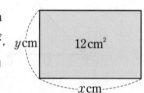

ア $y=12x$　　**イ** $y=\dfrac{12}{x}$　　**ウ** $y=x-12$　　**エ** $y=\dfrac{x}{12}$

2 右の図の点A〜Gについて，次の問いに答えなさい。(7点×4)

(1) y座標が-3である点をすべて求めなさい。

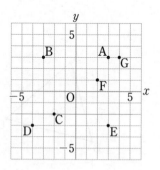

(2) x座標が負，y座標が負である点をすべて求めなさい。

(3) 原点について対称になっている点は，どれとどれか。すべて求めなさい。

(4) 関数$y=-x$のグラフ上にある点を，すべて求めなさい。

3 次の点は $y = 3x$ のグラフ上にある。□にあてはまる数を求めなさい。(6点×2)

(1) (2, □)

(2) (□, -1.8)

4 次の点は $y = -\dfrac{24}{x}$ のグラフ上にある。□にあてはまる数を求めなさい。(6点×2)

(1) (-9, □)

(2) (□, 12)

重要
5 右の図は，2点 A，B を通る反比例のグラフである。このとき，点 B の y 座標を求めなさい。(6点)　　　　　　　　　　　〔鹿児島〕

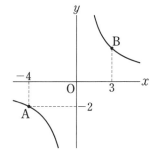

6 1辺が1cmの正方形を何個かかいて，下の図のような図形をつくっていく。(6点×3)

1番目　2番目　　3番目　　　　4番目

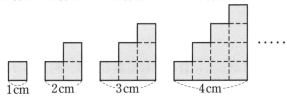

x 番目の図形の周の長さを y cm とするとき，次の問いに答えなさい。

(1) 下の表の①，②の空らんに数を入れなさい。

x 番目	1	2	3	4	5	6
y(cm)	4	8	12	①	②	24

(2) x と y との関係を表す式を書きなさい。

ヒント

2 (4) $y = -x$ 上にある座標は，$(a, -a)$ の関係になっている。

3 それぞれの値を x，y に代入して求める。

6 (1) 表より，x と y がどんな関係になっているかを考えればよい。

第1章
第2章
第3章
第4章
第5章
第6章
第7章
総仕上げテスト

Step ③ 実力問題②

時 間	合格点	得 点
40分	80点	点

【　　月　　日】

解答▶別冊29ページ

1 次の x, y の関係を式に表しなさい。また，y が x に比例するものには○，y が x に反比例するものには×をつけなさい。(6点×4)

(1) 周の長さが 20 cm である長方形の縦の長さを x cm，横の長さを y cm とする。

(2) 100 km 離れた2地点間を，毎時 x km の速さで y 時間で往復する。

(3) 底辺 x cm，高さ y cm の三角形の面積が 25 cm^2 である。

(4) 15 % の食塩水 x g 中にふくまれる食塩の重さを y g とする。

難問 2 次の問いに答えなさい。(7点×3)

(1) y は x に比例し，$x=2$ のとき $y=-6$ である。また，x の変域が $-2 \leqq x \leqq 1$ のとき，y の変域は $a \leqq y \leqq b$ である。このとき，a, b の値を求めなさい。〔鳥取〕

(2) $y=\dfrac{24}{x}$ のグラフ上にあって，x 座標，y 座標がともに負の整数である点は，何個ありますか。

(3) $y=\dfrac{6}{x}$ のグラフ上にあって，x 座標，y 座標がともに整数である点は，何個ありますか。

3 $y=\dfrac{6}{x}$ のグラフについて，次の**ア**〜**エ**の中から，正しく述べているものを1つ選び，記号で答えなさい。(6点) 〔和歌山〕

ア $x>0$ の範囲で，x の値が増加すると，y の値も増加する双曲線である。

イ 原点を通る右下がりの直線である。 　　**ウ** 原点を対称の中心として，点対称である。

エ グラフ上に点 $\left(\dfrac{1}{6},\ 1\right)$ がある。

4 右の図において，次の点の座標および三角形 ABC の面積を求めなさい。(7点×4)

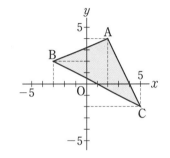

(1) x 軸について点 A と対称な点

(2) y 軸について点 B と対称な点

(3) 原点について点 C と対称な点

(4) 1 目盛りを 1 cm としたときの三角形 ABC の面積

難問 **5** 右の図のように，y が x に比例する関数①のグラフと，y が x に反比例する関数②のグラフが，点 P で交わっている。
点 P の座標が (2, 4) であるとき，次の問いに答えなさい。(7点×3)

〔三重－改〕

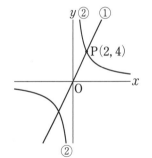

(1) 関数①について，y を x の式で表しなさい。

(2) 関数②について，y を x の式で表しなさい。

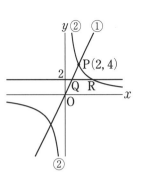

(3) y 軸上の 2 を通って x 軸に平行な直線をひく。この直線と関数①，②のグラフの交点をそれぞれ Q，R とするとき，三角形 PQR の面積を求めなさい。ただし，座標の 1 目盛りを 1 cm とする。

★★★

ヒント

1 $y=ax$ の式にあてはまるものは比例，$y=\dfrac{a}{x}$ の式にあてはまるものは反比例の関係になる。

2 (2) (3) x と y の座標の値を書き出す。

5 (3) 点 Q は関数①のグラフ上にあり，点 R は関数②のグラフ上にあり，どちらも y 座標は 2 である。

第1章
第2章
第3章
第4章
第5章
第6章
第7章
総仕上げテスト

16 図形の移動

🎯 重要点をつかもう

1 直線・線分・半直線

①**直線 AB**
A ————————— B
限りなくのびている線

②**線分 AB**
A ————— B
直線の一部分で両端のあるもの

③**半直線 AB**
A ————— B
1点を端として一方だけにのびたもの

2 図形と記号

①2直線 AB と CD が垂直 → AB⊥CD

②2直線 AB と CD が平行 → AB∥CD

③三角形 ABC → △ABC

④角 ABC → ∠ABC

3 図形の移動

①**平行移動**…図形を一定の方向に，一定の長さだけずらす。

②**回転移動**…図形を1つの点を中心として，一定の角度だけ回す。
180°回転させる回転移動を**点対称移動**という。

③**対称移動**…図形を1つの直線を折り目として，折り返す。

Step 1 基本問題

解答▶別冊30ページ

1 [垂直と平行] 右の長方形 ABCD について，次の2辺の位置関係を記号を使って表しなさい。

A ⬜ D
B ⬜ C

(1) 辺 AB と辺 BC　　(2) 辺 AB と辺 DC

2 [点と直線との距離] 右の図で，1目盛りを2cm として，次の問いに答えなさい。

(1) 点 A と直線ℓとの距離を求めなさい。

(2) 直線ℓとの距離が点 B と等しい点はどれですか。

(3) 直線ℓとの距離が最も短い点はどれですか。

Guide

🔍 **確認** 垂線

2直線 AB と CD が垂直であるとき，その一方を他方の垂線という。

🔒 **覚える** 点と直線との距離

線分 PH の長さを点 P と直線ℓとの距離という。

📖 **くわしく** 平行な2直線の距離

d の長さを平行な2直線ℓ，m 間の距離という。

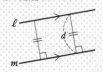

3 [中点] 右の図で，点 M，N はそれぞれ線分 AB，BC の中点である。次の線分の長さを求めなさい。

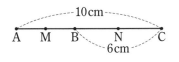

(1) 線分 AM

(2) 線分 MN

平行移動の性質

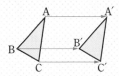

▶対応する点を結ぶ線分は，平行で長さが等しい。
AA′∥BB′，AA′＝BB′ など

▶対応する辺は平行である。
AB∥A′B′ など

重要 **4** [平行移動] 右の図形について，次の問いに答えなさい。

(1) △ABC を点 B が点 B′ にくるように平行移動して，△A′B′C′ をかきなさい。

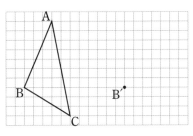

(2) (1)の結果，AB と A′B′ との関係を式に表しなさい。

回転移動の性質

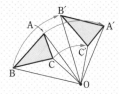

▶対応する点は，回転の中心から等しい距離にある。
OA＝OA′ など

▶対応する点と回転の中心とを結んでできる角の大きさは等しい。
∠AOA′＝∠BOB′＝∠COC′

重要 **5** [回転移動] △ABC を点 O を中心として時計回りに 180° 回転移動して，△A′B′C′ をかきなさい。

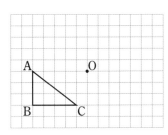

重要 **6** [対称移動] 右の図形について，次の問いに答えなさい。

(1) △ABC を直線 ℓ について対称移動して，△A′B′C′ をかきなさい。

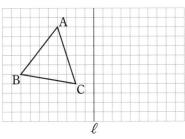

対称移動の性質

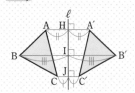

▶対応する点を結ぶ線分は，対称の軸で垂直に 2 等分される。
AH＝A′H，AA′⊥ℓ など

(2) 点 B を直線 ℓ について対称な点 B′ に移すとき，BB′ と直線 ℓ の位置関係を記号を使って表しなさい。

Step **2** 標準問題

解答▶別冊30ページ

重要 **1** 同一平面上の3つの直線 ℓ，m，n について，次の問いに答えなさい。(7点×4)

(1) $\ell /\!\!/ m$，$m /\!\!/ n$ のとき，ℓ と n の関係を，記号を使って表しなさい。

(2) $\ell /\!\!/ m$，$m \perp n$ のとき，ℓ と n の関係を，記号を使って表しなさい。

(3) $\ell \perp m$，$m \perp n$ のとき，ℓ と n の関係を，記号を使って表しなさい。

(4) $\ell \perp m$，$m /\!\!/ n$ のとき，ℓ と n の関係を，記号を使って表しなさい

2 次の図を，それぞれ矢印の方向に，その長さだけ平行移動しなさい。(6点×2)

(1)

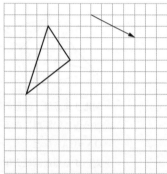

(2)

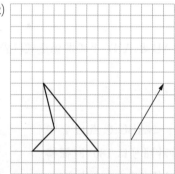

3 次の図をかきなさい。(6点×2)

(1) △ABC を点 O を中心として時計回りに 90°回転移動してできる △A′B′C′

(2) △ABC を点 O を中心として点対称移動してできる △A′B′C′

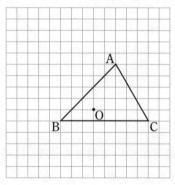

4 右の図の △ABC を，直線 ℓ を対称の軸として対称移動させた △A′B′C′ をかきなさい。(6点)

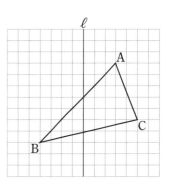

重要 5 右の図のように，折れ線 ABC を，点 O を中心として回転移動し，折れ線 A′B′C′ とした。次の問いに答えなさい。(7点×3)

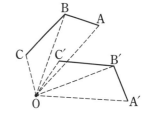

(1) ∠COC′ と等しい角をすべて求めなさい。

(2) ∠BOC と等しい角を求めなさい。

(3) ∠ABC と等しい角を求めなさい。

重要 6 右の図のように 8 個の合同な直角三角形がある。次の問いに答えなさい。(7点×3)

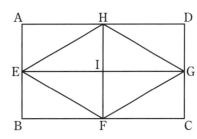

(1) △EIH から 1 回の対称移動だけで重ねられる図形をすべて答えなさい。

(2) △AEH を 1 回の移動で △CGF に重ねるには，どのように移動させればよいか，説明しなさい。

(3) △EBF から 2 回移動して △GDH に重ねるには，どのように移動すればよいか，次の空らんにあてはまる言葉を答えなさい。

△EBF →△FIE に ① 移動 → △GDH に ② 移動

ヒント
3 (2) 180°の回転移動を点対称移動という。
5 移動する前の図形と移動した後の図形は同じ形なので，角度も等しくなる。
6 (3) 平行移動，回転移動，対称移動のどれになるかを考える。

17 いろいろな作図

重要点をつかもう

1 基本の作図

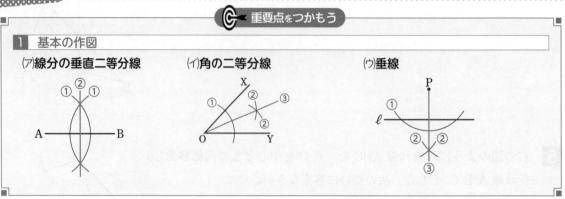

(ア)線分の垂直二等分線　(イ)角の二等分線　(ウ)垂線

Step 1 基本問題

解答▶別冊31ページ

重要 **1** [線分の垂直二等分線] 次の順序にしたがって，線分 AB の垂直二等分線を作図しなさい。

① 点 A，B を中心として，等しい半径の円をかき，その交点を C，D とする。

② 直線 CD をひく。

A————————B

重要 **2** [角の二等分線] 次の順序にしたがって，∠XOY の二等分線を作図しなさい。

① 点 O を中心とする円をかき，辺 OX，OY との交点をそれぞれ A，B とする。

② 点 A，B を中心として，等しい半径の円をかき，その交点の1つを P とする。

③ 半直線 OP をひく。

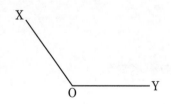

Guide

🔍 作図のしかた

▶定規とコンパスだけを使って図をかくことを**作図**という。

▶定規は直線をひくために，コンパスは円をかいたり，線分を移したりするためだけに使う。

🔍 線分の垂直二等分線の性質

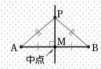

▶2点 A，B から等しい距離にある点 P は，線分 AB の垂直二等分線上にある。

▶線分 AB の中点 M は，線分 AB とその垂直二等分線の交点である。

3 [直線上の点を通る垂線] 直線XY
上の点Oを通り，この直線に垂直
な直線を，∠XOY＝180°の角の
二等分線と考えて作図しなさい。

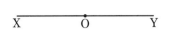

確認　角の二等分線の性質

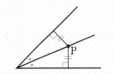

角の2辺から等しい距離にあ
る点Pは，その角の二等分
線上にある。

重要
4 [直線上にない点を通る垂線] 次の順序にしたがって，直線
XY上にない点PからXYに垂線をひきなさい。

① 点Pを中心とする円をかき，直線XYとの交点をA，Bとする。

② 点A，Bをそれぞれ中心として，等しい半径の円をかき，そ
の交点の1つをCとする。

③ 直線PCをひく。

くわしく　直線 ℓ 上にない点
Pを通る垂線の作図

次のような方法もある。

①直線 ℓ 上に適当な2点A，
Bをとる。

②2点A，Bを中心とするそ
れぞれ半径AP，BPの円
をかき，その交点をQと
する。

③2点P，Qを通る直線をひ
く。

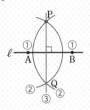

5 [作図の利用] 右の図のような線分
ABがある。線分ABを直径とす
る円Oをかきなさい。

確認　円と接線

円の接線は，接点を通る半径
に垂直である。

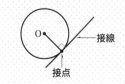

6 [作図の利用] 下の図の長方形ABCDの辺BC上に，
∠ADE＝60°となる点Eを，作図して求めなさい。

解答▶別冊32ページ

1 右の図で，次の線を作図しなさい。(7点×2)

(1) 辺 BC の垂直二等分線

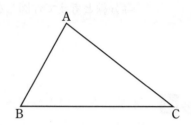

(2) ∠A の二等分線

2 右の図で，次の線を作図しなさい。(7点×2)

(1) 点 A から辺 BC への垂線

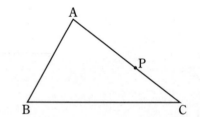

(2) 点 P を通る辺 CA の垂線

3 次の条件に合う作図を，線分 AB の上側に作図しなさい。(7点×2)

(1) ∠ABC＝90° となる半直線 BC　　(2) ∠ABC＝30° となる半直線 BC

4 右の図の線分 AB を用いて，AC＝BC となる直角二等辺
三角形を線分 AB の上側に作図しなさい。(8点)

5 右の図において，直線 ℓ 上にあって，AP＝BP となるような
点Pを作図しなさい。(10点) 〔兵 庫〕

重要 6 右の △ABC について，辺 BC に垂直で頂点 A を通る直線上
にあり，2辺 AB，BC から等しい距離にある点Pを作図しな
さい。(10点) 〔熊 本〕

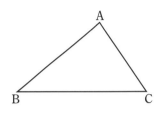

重要 7 右の図の線分 AB と線分 BC を用いて，3点 A，B，C を通る
円の中心 O を作図しなさい。(10点) 〔兵 庫〕

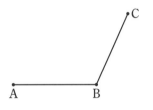

8 右の図の円 O において，周上の点 A を通る円 O の接線を作図
しなさい。(10点) 〔栃 木〕

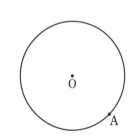

重要 9 右の図で，直線 ℓ 上にあって，AP＋BP の長さが
最も短くなるような点Pを，作図して求めなさい。
(10点)

7 円の中心は3点から等しい距離にある。

8 円の接線は，接点を通る半径に垂直である。

9 直線 ℓ について，点Bと対称な点 B′ を作図する。ℓ 上の点を Q とすると，QB＝QB′ となる。

18 おうぎ形

1 おうぎ形の弧の長さと面積

半径 r，中心角 $x°$ のおうぎ形の弧の長さを ℓ，面積を S とすると，

①弧の長さ $\ell = 2\pi r \times \dfrac{x}{360}$

②面積 $S = \pi r^2 \times \dfrac{x}{360}$ または，$S = \dfrac{1}{2}\ell r$

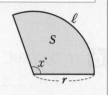

Step 1 基本問題

解答▶別冊33ページ

1 ［おうぎ形］右のおうぎ形について，次の問いに答えなさい。

(1) A から B までの部分（円周の一部）を，記号を使って表しなさい。

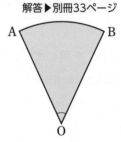

(2) ∠AOB のことを何といいますか。

2 ［おうぎ形の弧の長さ］次のおうぎ形の弧の長さを求めなさい。

(1) 半径 4 cm，中心角 180° のおうぎ形

(2) 半径 3 cm，中心角 120° のおうぎ形

(3) 半径 6 cm，中心角 60° のおうぎ形

(4) 半径 5 cm，中心角 30° のおうぎ形

3 ［おうぎ形の面積］次のおうぎ形の面積を求めなさい。

(1) 半径 2 cm，中心角 90° のおうぎ形

(2) 半径 6 cm，中心角 30° のおうぎ形

Guide

 確認 おうぎ形の弧の長さと面積

おうぎ形の弧の長さや面積は，中心角に比例する。したがって，中心角 $x°$ のおうぎ形の弧の長さや面積は，同じ半径の円の円周や面積の $\dfrac{x}{360}$ 倍になる。

 覚える よく使う $\dfrac{x}{360}$

よく出てくる中心角 $x°$ の $\dfrac{x}{360}$ は覚えておくと，計算が速くなる。

$30° \to \dfrac{1}{12}$ $60° \to \dfrac{1}{6}$

$120° \to \dfrac{1}{3}$

$45° \to \dfrac{1}{8}$ $90° \to \dfrac{1}{4}$

$180° \to \dfrac{1}{2}$

重要 4 ［おうぎ形の面積］次のおうぎ形の面積を求めなさい。

(1) 半径 10 cm，弧の長さ 7π cm のおうぎ形

(2) 半径 6 cm，弧の長さ 5π cm のおうぎ形

5 ［おうぎ形の中心角］次のおうぎ形の中心角を求めなさい。

(1) 半径 6 cm，弧の長さ 5π cm のおうぎ形

(2) 半径 10 cm，弧の長さ 6π cm のおうぎ形

(3) 半径 3 cm，面積が 2π cm² のおうぎ形

(4) 半径 8 cm，面積が $\dfrac{32}{3}\pi$ cm² のおうぎ形

重要 6 ［おうぎ形のまわりの長さ］次のおうぎ形のまわりの長さを求めなさい。

(1)

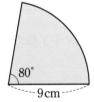
80°
9 cm

(2)

144°
5 cm

(3)
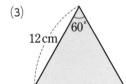
60°
12 cm

(4)
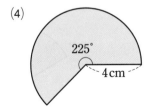
225°
4 cm

第1章
第2章
第3章
第4章
第5章
第6章
第7章
総仕上げテスト

覚える　半径と弧の長さがわかっているおうぎ形

半径 r，弧の長さ ℓ のおうぎ形の面積を S，中心角を $x°$ とすると，

$$S=\frac{1}{2}\ell r$$

$$x=360\times\frac{\ell}{2\pi r}$$

注意　おうぎ形のまわり(周)の長さ

おうぎ形のまわり(周)の長さを求めるときは，弧の長さに半径2つ分の長さを加えるのを忘れないようにしよう。

1 次の問いに答えなさい。(6点×8)

(1) 半径 3 cm で中心角 120° のおうぎ形のまわりの長さを求めなさい。

(2) 半径 6 cm で中心角 70° のおうぎ形のまわりの長さを求めなさい。

(3) 中心角 90° で弧の長さが 4π cm のおうぎ形の半径を求めなさい。

(4) 半径 4 cm で弧の長さが 3π cm のおうぎ形の中心角を求めなさい。

(5) 半径 6 cm で弧の長さが 3π cm のおうぎ形の面積を求めなさい。

(6) 中心角 120° で面積が 27π cm² のおうぎ形の半径を求めなさい。

(7) 半径 9 cm で面積が $\dfrac{135}{2}\pi$ cm² のおうぎ形の中心角を求めなさい。

(8) 半径 6 cm で中心角が 90° のおうぎ形と弧の長さが等しい，半径 10 cm のおうぎ形の中心角を求めなさい。

重要 2 次のおうぎ形の弧の長さや面積を求めなさい。(5点×2)

(1) 弧の長さ 〔岩 手〕
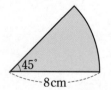

(2) 面積 〔岡 山〕
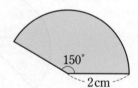

重要 3 次の図で，色のついた部分の周の長さと面積を求めなさい。(6点×4)

(1)
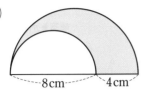

(2)
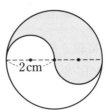

(3)
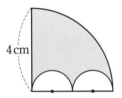

(4)
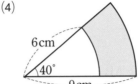

4 半径が6cm，中心角が60°のおうぎ形がある。このおうぎ形の半径と弧の長さのうち，長いほうから短いほうをひいた差を求めなさい。(6点)

〔青森〕

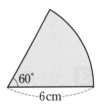

5 直径ABが4cmの半円Oがある。右の図のように，半円Oを，点Bを中心として，矢印の方向に90°回転させた。このとき，色のついた部分の面積を求めなさい。(6点) 〔山梨〕

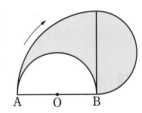

重要 6 右の図のように，半径6cm，中心角60°のおうぎ形OABと，線分OA，OBを直径とする半円をかく。このとき，図の色のついた部分の面積を求めなさい。(6点) 〔埼玉〕

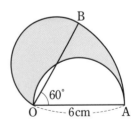

★☆★☆★☆★☆★☆★☆★☆★☆★☆★☆★☆★☆★☆★☆★☆★☆★☆★☆

1 おうぎ形の弧の長さや面積の公式にわかっている数をあてはめて求める。

3 (2) 面積は色のついた部分の一部を移動して求める。

6 半円＋おうぎ形−半円 なので，求める面積はおうぎ形と等しくなる。

Step ③ 実力問題①

時間	合格点	得点
40分	80点	点

【　　月　　日】

解答▶別冊34ページ

記述式 1 右の図は，線分 AB を直線 ℓ を対称の軸として対称移動したものが線分 A′B′，線分 A′B′ を直線 m を軸として対称移動したものが線分 A″B″ である。$\ell /\!/ m$ であり，ℓ と m の距離が 5 cm であるとき，線分 AB を 1 回の移動で線分 A″B″ に重ねるには，どのように移動させればよいか説明しなさい。(10点)

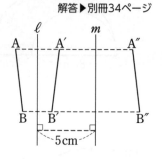

2 右の図のような線分 AB がある。線分 AB の中点を C とするとき，線分 AC を 1 辺とする正三角形を，線分 AB の上方に作図しなさい。(10点)　　〔北海道〕

難問 3 右の図のように，2 直線 ℓ, m と，ℓ 上の点 A がある。中心が直線 m 上にあり，点 A で直線 ℓ に接する円について，その円の中心 O を作図しなさい。(10点)　　〔山口〕

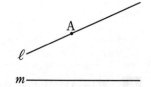

難問 4 右の図のように，円があり，円の周上に点 A がある。線分 AB がこの円の直径となる点 B をとりたい。点 B を定規とコンパスを使って作図しなさい。(10点)　　〔熊本〕

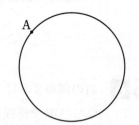

5 右の図のように，直線上に 2 点 A, B がある。∠ABC＝90°，BC＝$\frac{1}{2}$AB となる点 C を，定規とコンパスを使って 1 つ作図しなさい。(10点)　　〔鹿児島〕

6 右の図1のような長方形 ABCD があり，辺 BC 上に点 E がある。この長方形を図2のように頂点 A が点 E に重なるように折ったときにできる折り目の線 PQ を，図1に作図しなさい。(10点)

（図1）

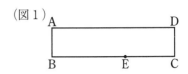

（図2）

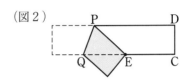

重要 **7** 次の図で，四角形 ABCD は1辺が 20 cm の正方形である。色のついた部分の面積を求めなさい。(10点×2)

(1)

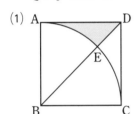

(2)

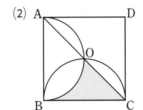

8 右の図で，色をつけた部分の面積を求めなさい。ただし，外側の円の半径は 2 cm とする。(10点)

9 直径 3 cm の同一の硬貨 10 枚を，右の図のようにすきまなく並べ，これらの周囲を一まわり，ひもで結んだ。このひもの長さを求めなさい。ただし，ひもの太さは無視してよい。(10点) 〔江戸川学園取手高〕

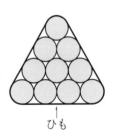

ひも

★─★

ヒント

6 線分 AE の垂直二等分線が折り目になる。
8 補助線をひいて図形を移動して，求めやすい形にする。
9 いちばん外側の円の中心を直線でつなぐ。

【 　　月　　日 】

時間	合格点	得点
40分	80点	点

Step ③ 実力問題②

解答▶別冊36ページ

1 次の図で，色のついた部分の周の長さと面積を求めなさい。(10点×4)

(1)
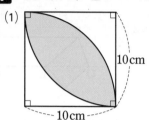

(2)
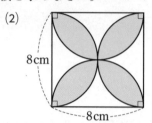

(3)

(4)
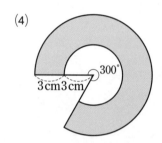

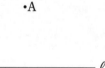

2 右の図のように，点Aと直線ℓがある。この点Aを頂点の1つとし，1辺が直線ℓに重なる正三角形を，コンパスと定規を用いて右の図に作図しなさい。
ただし，定規は直線をひくときに使い，長さを測ったり角度を利用したりしてはならない。(10点)　　　　〔大 分〕

•A

―――――――――――――ℓ

3 右の図の円で，4つの頂点がすべて円周上にある正方形を1つ作図によって求めなさい。ただし，正方形の4つの頂点にA，B，C，Dの文字をつけて示すこと。(10点)

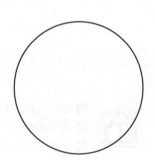

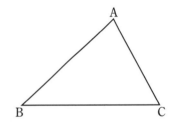

重要 **4** 明美さんは，右の図の △ABC をもとに，下の**条件**の①，②
をともにみたす △ACP をつくりたいと考えた。明美さんが
つくりたいと考えた △ACP の頂点 P の位置を，定規とコン
パスを使って作図しなさい。(10点)　　　　　　　〔山形〕

> **条件**　①辺 AP の長さと辺 CP の長さは等しい。
> 　　　　②点 P は △ABC の内部にあり，点 P と辺 AB
> 　　　　との距離(きょり)は，点 P と辺 AC との距離に等しい。

難問 **5** 下の図のように，川をはさんで 2 地点 A，B がある。川に橋をかけて，A から B まで道路
をつくることにした。ただし，A，B 間の道のりを最も短くし，橋は川に垂直にかける。また，
川幅(かわはば)は，どこも同じである。橋 PQ を作図しなさい。(10点)

•A

B•

6 △ABC を，直線 ℓ について対称移動(たいしょう)して △A′B′C′ に移し，
さらに直線 m について対称移動して △A″B″C″ に移した。こ
れについて，次の問いに答えなさい。(10点×2)

(1) 直線 m について対称移動した △A″B″C″ を作図しなさい。

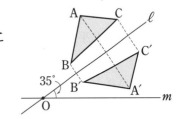

(2) 直線 ℓ と m とがつくる角が 35° であるとき，A と O，A″ と O を結んでできる ∠AOA″ は
何度ですか。

★☆

ヒント **2** 点 A を通る直線 ℓ の垂線上に適当な点をとり，その点から点 A までの長さを 1 辺とする正三角形
を左右に 2 つつくる。
3 中心角を 4 つに等しく分け，その直線と円周の交点が正方形の頂点になる。

第1章
第2章
第3章
第4章
第5章
第6章
第7章
総仕上げテスト

19 直線や平面の位置関係

重要点をつかもう

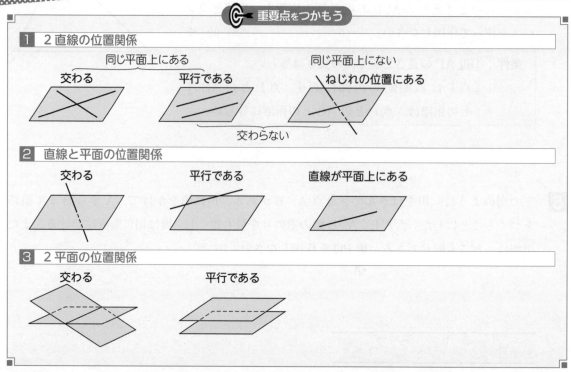

1 2直線の位置関係

同じ平面上にある / 同じ平面上にない

交わる / 平行である / ねじれの位置にある

交わらない

2 直線と平面の位置関係

交わる / 平行である / 直線が平面上にある

3 2平面の位置関係

交わる / 平行である

Step 1 基本問題

解答▶別冊37ページ

1 [2直線の位置関係] 右の直方体について，次の辺をいいなさい。

(1) 辺 AB と平行な辺

(2) 辺 AB と垂直に交わる辺

(3) 辺 AB とねじれの位置にある辺

2 [平面の決定] 次の**ア～エ**のうち，1つの平面に決まるものはどれですか。記号で答えなさい。また，決まらないものについては，そのわけを答えなさい。

ア 平行な2直線　　**イ** 交わる2直線
ウ 交わらない2直線　**エ** 3点

Guide

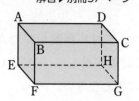
ねじれの位置

空間内で，平行でなく交わらない2つの直線は，ねじれの位置にあるという。

平面の決定

2点をふくむ平面はいくつもあるが，1直線上にない3点をふくむ平面は1つに決まる。

3 [直線と平面の位置関係] 右の四角柱について，次の面や辺をいいなさい。

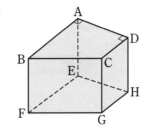

(1) 辺 AE と垂直な面

(2) 辺 AE と平行な面

(3) 辺 AE をふくむ面

(4) 面 ABCD に垂直な辺

(5) 面 ABCD に平行な辺

確認 平面と直線の位置関係

平面と直線が交わらないとき，この位置関係を，平面と直線は平行であるという。

P∥ℓ

注意 直線と平面の意味

直線は限りなくまっすぐにのびているもの，平面は限りなく平らに広がっているものと考える。

重要 **4** [2平面の位置関係] 右の三角柱で，底面は直角二等辺三角形である。これについて，次の問いに答えなさい。

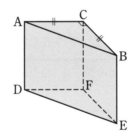

(1) 面 ADEB と垂直な面をいいなさい。

(2) 面 ADFC と垂直な面をいいなさい。

(3) 平行な面は，どの面とどの面ですか。

(4) 面 ADEB と面 BEFC のつくる角は何度ですか。

くわしく 平面の位置関係

平行な2平面P，Qに別の平面Rが交わってできる2つの直線ℓ，mは平行である。

P∥Q → ℓ∥m

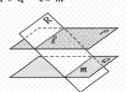

20 立体のいろいろな見方

◎← 重要点をつかもう

1 正多面体

平面だけで囲まれた立体を**多面体**という。多面体で次の2つの性質をもち，へこみのないものを**正多面体**という。

①どの面もすべて合同な正多角形である。

②どの頂点にも，面が同じ数集まる。

正四面体

2 回転体

1つの平面図形を1本の直線を軸として，1回転させてできる図形を**回転体**といい，ABを**母線**という。

3 投影図

①立体を平面に表すのに，正面から見た図(**立面図**)と真上から見た図(**平面図**)を組にして表した図を**投影図**という。

②投影図では，実際に見える辺は実線 —— でかき，見えない辺は破線 ------ でかく。

真上

正面

（立面図）（平面図）

Step 1 基本問題

解答▶別冊38ページ

1 [正多面体] 正多面体について，下の表を完成させなさい。

	面の形	面の数	頂点の数	辺の数
正四面体				
正六面体				
正八面体				

2 [回転体] 次の長方形，半円，直角三角形を直線ℓを軸として1回転させると，どのような立体ができますか。

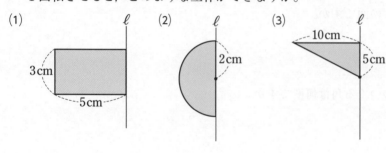

(1) ℓ
3cm
5cm

(2) ℓ
2cm

(3) 10cm ℓ
5cm

Guide

覚える 正多面体

正多面体には次の5種類ある。

正四面体　正六面体（立方体）　正八面体

正十二面体　正二十面体

確認 角錐・円錐

側面

底面

角錐（四角錐）　円錐

3 [投影図] 次の投影図で示された立体の名前を答えなさい。

(1)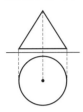

(2)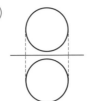

(3)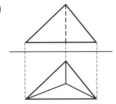

(4)

4 [展開図] 次の展開図を組み立てると、どのような立体ができますか。ただし、図の中の三角形は正三角形、四角形は正方形とする。

(1)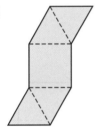

(2)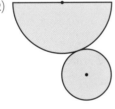

(3)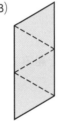

重要 **5** [展開図] 下の図は立方体の見取図と展開図である。展開図のア、イにあてはまる頂点を A〜H から選びなさい。

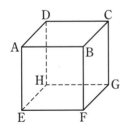

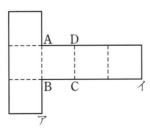

第1章
第2章
第3章
第4章
第5章
第6章
第7章
総仕上げテスト

確認 とうえいず
投影図

立面図と平面図を合わせて投影図という。

例 円柱の投影図

（立面図）（平面図）

確認 展開図

立体の各面を1つの平面上に切り開いた図を展開図という。

くわしく 展開図の組み立て方

▶面で考える
　わかっている点や辺をふくむ面から、どの面かを考える。

▶重なる頂点を考える
　下の図のように重なる頂点を点線で結んでみる。

解答▶別冊38ページ

1 右の図の長方形を，直線 ℓ を軸として回転させてできる立体について，次の問いに答えなさい。(6点×2)

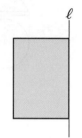

(1) 直線 ℓ をふくむ平面で切断すると，切断した面はどんな形になりますか。

(2) 直線 ℓ に垂直な平面で切断すると，切断した面はどんな形になりますか。

2 次の立体の，矢印の方向を正面としたときの投影図をかきなさい。(6点×3)

(1) 立方体   (2) 円柱   (3) 四角錐

3 右の図のような直方体の展開図を組み立てるとき，次の問いに答えなさい。(6点×4)

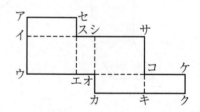

(1) 点エと重なる点を答えなさい。

(2) 点キと重なる点を答えなさい。

(3) 辺イウと重なる辺を答えなさい。

(4) 面アイスセと垂直になる辺をすべて答えなさい。

4 次の図形を，直線 ℓ を軸として回転させた立体の見取図をかきなさい。(6点×3)

(1)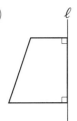

(2)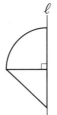

(3)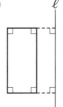

重要 **5** 右の図は円錐の展開図である。次の問いに答えなさい。(7点×2)

(1) 側面のおうぎ形の弧の長さは何 cm か求めなさい。

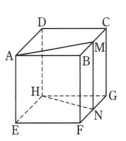

(2) 側面のおうぎ形の中心角を求めなさい。

重要 **6** 右の図のように立方体 ABCD−EFGH にひもをかけた。点 M，N は
それぞれの辺の中点である。次の問いに答えなさい。(7点×2)

(1) 下の図は右の図の展開図である。（　）にあてはまる頂点の記号を入れ
なさい。

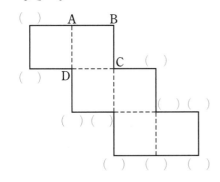

(2) (1)の展開図に，ひもが通ったあとをかきなさい。

ヒント
3 展開図を組み立てるときには，底面を 1 つ決めて考えると組み立てやすい。
4 (3) 内側が空いている立体になる。
5 (1) 円錐の展開図の底面の円周と側面のおうぎ形の弧の長さは等しくなる。

第 1 章
第 2 章
第 3 章
第 4 章
第 5 章
第 6 章
第 7 章
総仕上げテスト

21 立体の表面積と体積

重要点をつかもう

1 立体の表面積と体積

①角柱・円柱の表面積と体積

表面積＝底面積×2＋側面積

体積＝底面積×高さ

②角錐・円錐の表面積と体積

表面積＝底面積＋側面積

体積＝$\frac{1}{3}$×底面積×高さ

③球の表面積と体積

表面積 $S=4\pi r^2$

体積 $V=\frac{4}{3}\pi r^3$

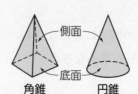

角柱 円柱 角錐 円錐

Step 1 基本問題

解答▶別冊39ページ

1 ［角柱・円柱の体積］次の角柱や円柱の体積を求めなさい。

(1)
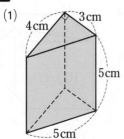
3cm 4cm 5cm 5cm

(2)
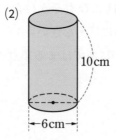
10cm 6cm

2 ［円柱の体積・表面積］右の図は円柱の展開図である。次の問いに答えなさい。

6cm 10cm

(1) 側面の横の長さを求めなさい。

(2) この円柱の表面積を求めなさい。

(3) この円柱の体積を求めなさい。

Guide

確認 底面積・側面積・表面積

▶ 底面積…1つの底面の面積

▶ 側面積…側面全体の面積

▶ 表面積…表面全体の面積

注意 角柱・円柱の側面

角柱・円柱の側面の展開図は長方形で、縦の長さは立体の高さに等しく、横の長さは底面の周の長さに等しい。

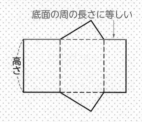
底面の周の長さに等しい 高さ

3 [角錐・円錐の体積] 次の角錐や円錐の体積を求めなさい。

(1)
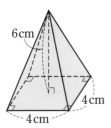
6cm
4cm
4cm

(2)
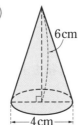
6cm
4cm

第1章
第2章
第3章
第4章
第5章
第6章
第7章
総仕上げテスト

 球の表面積と体積の公式の覚え方

▶ $S = 4\pi r^2$

心 配 ある 事情
4 π r 2乗

▶ $V = \dfrac{4}{3}\pi r^3$

身の上に心 配 あるので参上
$\dfrac{4}{3}$ π r 3乗

 4 [球の表面積と体積] 次の球の表面積と体積をそれぞれ求めなさい。

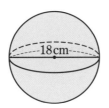
18cm

 母線

円柱や円錐の側面をつくり出す線分を母線という。

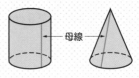
母線

 5 [円錐の表面積] 底面の半径 6 cm,母線の長さ 9 cm の円錐について,次の問いに答えなさい。

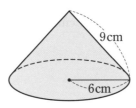
9cm
6cm

(1) 側面の展開図のおうぎ形の中心角を求めなさい。

(2) 表面積を求めなさい。

 円錐の側面積

おうぎ形の面積は,

$\dfrac{1}{2} ×$ 弧の長さ $×$ 半径

で求められるので,
円錐の側面積は,

$S = \dfrac{1}{2} × 2\pi r × R = \pi r R$

側面積
S
底面積
2πr
r

よって,円錐の側面積は,
π×底面の半径×母線の長さ
で求められる。

6 [回転体の体積] 次の図形を,直線 ℓ を軸として 1 回転させてできる立体の体積を求めなさい。

(1) 長方形 ABCD 〔岩 手〕

(2) 直角三角形 ABC 〔栃 木〕

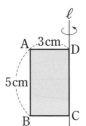
ℓ
A 3cm D
5cm
B C

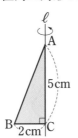
ℓ
A
5cm
B 2cm C

1 次の問いに答えなさい。(6点×6)

(1) 底面積が 50 cm², 高さが 10 cm の六角柱の体積を求めなさい。

(2) 底面積が 45 cm², 高さが 8 cm の五角錐の体積を求めなさい。

(3) 底面の半径が 6 cm の円錐の体積が 84π cm³ のとき, 円錐の高さを求めなさい。

(4) 底面の半径が 5 cm, 表面積が 65π cm² の円錐の母線の長さを求めなさい。

(5) 体積が 32π cm³ の円錐がある。この円錐の高さが 6 cm のとき, 底面の円の半径を求めなさい。

〔茨 城〕

(6) 底面の直径が 6 cm, 母線の長さが x cm の円錐の側面積を x を使った式で表しなさい。

〔高 知〕

重要 2 次の立体の表面積を求めなさい。(6点×3)

(1)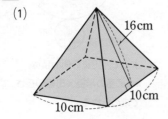

(2)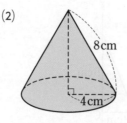

(3)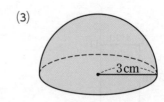

3 右の図のような円錐の展開図がある。側面の展開図は半径が 6 cm，中心角が 240° のおうぎ形である。このとき，次の問いに答えなさい。(6点×2)

〔佐賀−改〕

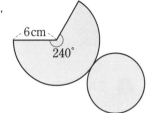

(1) 底面の半径を求めなさい。

(2) 円錐の表面積を求めなさい。

4 次の立体の体積を求めなさい。(7点×4)

(1)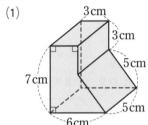

(2)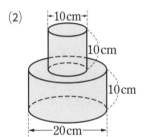

(3)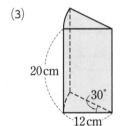

(4)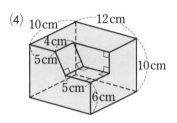

 5 右の図のような台形 ABCD がある。辺 AD を軸として，この台形を 1 回転させてできる立体の体積を求めなさい。(6点) 〔山 口〕

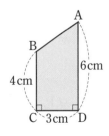

第1章
第2章
第3章
第4章
第5章
第6章
第7章
総仕上げテスト

3 (1) 円錐の側面の弧の長さは底面の円周に等しい。
4 (3) 底面がおうぎ形の柱体と考える。
5 1 回転させてできる立体を 2 つの立体に分けて求める。

22 立体の切断

⦿ 重要点をつかもう

1 立体の切断

以下のような方法で立体の切り口を求めることができる。

①同じ面にある2点は直線で結ぶ。

②平行な面にできる切り口の線は平行になる。よって，平行な面に切り口ができる場合，それぞれの面にできる切り口の線が平行になるようにひく。

③すべての切り口の線が立体の表面上になるように直線で結ぶ。

Step 1 基本問題

解答▶別冊40ページ

1 ［立方体の切断］右の図の立方体を，次の平面で切ると，その切り口はどんな図形になりますか。点P，Qはそれぞれ辺AD，CDの中点である。

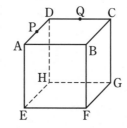

(1) 点A，C，Fを通る平面

(2) 点B，E，Pを通る平面

(3) 点A，E，Gを通る平面

(4) 点H，P，Qを通る平面

(5) 点A，Q，Gを通る平面

(6) 点P，Q，Eを通る平面

(7) 点P，Q，Fを通る平面

Guide

🔍 立体の切断の手順

例 点P，Q，Rを通る平面

①同じ面にある2点は直線で結ぶ。

②平行な面にできる切り口の線は平行になるようにひく。

③すべての切り口の線が立体の表面上になるように直線で結ぶ。

2 [立方体の切断] 右の図は立方体のすべ
ての辺の中点に印をつけたものである。
図のように，3つの中点を通る平面で，
立方体の頂点を切り取る。4つの頂点 A，
C，F，H について切り取ったとき，残っ
た立体の頂点，辺，面の数を答えなさい。

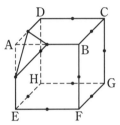

 立方体の切り口の形

立方体の面の数は6つで，切
り口の線は立方体の表面上を
通るので，辺の数は最も多く
て6本である。

重要 **3** [立方体の切断] 右の図のような1辺6cm
の立方体を，点 D，E，G の3点を通る平
面で切断した。次の問いに答えなさい。

(1) 切断したあとにできた，点 H をふくむ立
体の体積を求めなさい。

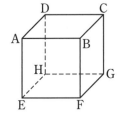

 切断したあとの2つ
の立体の表面積の差

切断面は同じ面積なので，そ
れ以外の面積の差から求める。

(2) 切断したあとにできた2つの立体の表面積の差を求めなさい。

重要 **4** [直方体の切断] 下の図は AB＝12 cm，AD＝AE＝5 cm の直方
体である。点 P，Q，R，S を通る平面で切断するとき，次の
問いに答えなさい。AP＝3 cm，DS＝6 cm，HR＝7 cm とする。

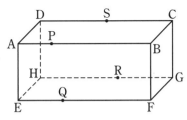

(1) EQ の長さを求めなさい。

 直方体の切断

直方体を切断した後の立体の
高さは，次のようになる。
$a+c=b+d$

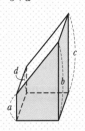

(2) 切断したあとにできる，点 A をふくむ立体の体積を求めなさい。

Step ③ 実力問題 ①

解答▶別冊41ページ

1 右の図のような立方体がある。これについて，次の問いに答えなさい。

(6点×3)

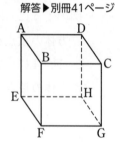

(1) 辺 BC とねじれの位置にある辺をすべて書きなさい。

(2) 線分 DE と線分 EG がつくる ∠DEG の大きさを求めなさい。

(3) A，C を通る平面で切るとき，その切り口はいろいろな形になる。二等辺三角形・正三角形・台形・正方形・長方形のうち，切り口として実際にはできないものをいいなさい。

2 次の問いに答えなさい。(6点×2)

(1) 右の図は，立方体の展開図で，辺 AB は面**ア**の 1 辺である。この展開図をもとにして立方体をつくるとき，辺 AB に平行な面を**ア〜カ**からすべて選び，記号を書きなさい。〔長野〕

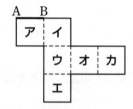

(2) 右の図は立方体の展開図である。この展開図を組み立ててできる立方体について，面**イ**と平行な面はどれですか。図の中の記号で答えなさい。

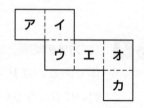

3 次の問いに答えなさい。(7点×3)

(1) 体積が 60 cm³ の六角錐の高さが 15 cm のとき，底面積を求めなさい。

(2) 円錐の側面の展開図で，おうぎ形の中心角が 45° で母線が 16 cm のとき，この円錐の表面積を求めなさい。

(3) 半球の表面積が 27π cm² のとき，半球の半径を求めなさい。

4 次の問いに答えなさい。(7点×2)

(1) 底面の半径が 5 cm の円柱の容器に，8 cm の深さまで水を入れ，その水を底面の半径が 4 cm の円柱の容器に移したら，水の深さは何 cm になるか求めなさい。容器の深さは十分にあるものとする。

(2) 底面の半径が 6 cm の円柱の容器に 10 cm の深さまで水が入っている。そこに半径 3 cm の球を入れたら，水の深さは何 cm になりますか。容器の深さは十分にあるものとする。

5 次の立体の体積を求めなさい。(7点×2)

(1)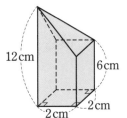

(2)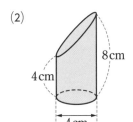

重要 **6** 右の図のような底面の半径は 3 cm，母線が 18 cm の円錐がある。点 A から側面を最短距離(きょり)になるようにひもをかけるとき，次の問いに答えなさい。(7点×3)

(1) 側面の展開図のおうぎ形の中心角は何度か求めなさい。

(2) 円錐の展開図をかきなさい。またひもが通っている線も展開図にかきなさい。

(3) ひもの長さは何 cm になるか求めなさい。

 3 (3) 半球の表面積は，曲面部分と平面部分の合計になる。
4 (2) 水面が何 cm 上がったかは，球の体積÷円柱の底面積 で求められる。
6 最短距離にひもをかけると，展開図上でひもは直線になる。

第1章
第2章
第3章
第4章
第5章
第6章
第7章
総仕上げテスト

【 　　月　　日 】

Step **3** 実力問題②

| 時間 40分 | 合格点 80点 | 得点 点 |

解答▶別冊42ページ

1 空間内の平面や直線について述べた文として，正しいものを，次の**ア～エ**から1つ選びなさい。(10点)　　　　　　　　　　　　　　　　　　　　　　　　　　　　　　〔徳　島〕

ア 1つの平面に平行な2つの直線は平行である。

イ 1つの平面に垂直な2つの平面は垂直である。

ウ 1つの直線に平行な2つの直線は平行である。

エ 1つの直線に垂直な2つの平面は垂直である。

2 次の問いに答えなさい。(10点×3)

(1) 右の図のような正四面体 ABCD がある。このとき，辺 AB とねじれの位置にある辺を答えなさい。　　　〔富山－改〕

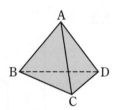

(2) 右の図は三角柱である。辺 AB とねじれの位置にある辺はいくつありますか。　　　　　　　　　　　　　　　　　〔福　井〕

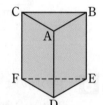

(3) 右の図のように，AD∥BC の台形 ABCD を底面とする四角柱 ABCD−EFGH があり，AB＝5 cm，BC＝2 cm，CD＝3 cm，DA＝6 cm，AE＝4 cm である。この四角柱の辺のうち，辺 AB とねじれの位置にあるすべての辺の長さを合わせると何 cm になるか，求めなさい。　　　　　　　　　　　　　　　　　〔山　形〕

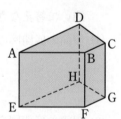

3 右の展開図で示された三角柱の体積を求めなさい。(10点)

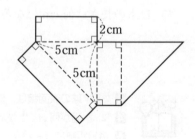

4 右の図のように，長方形 ABCD と正方形 BEFG が同じ平面上にあり，点 C は線分 BG の中点で，AB＝BE＝4 cm である。長方形 ABCD と正方形 BEFG を合わせた図形を，直線 GF を軸として 1 回転させてできる立体の体積を求めなさい。(10点) 〔秋田〕

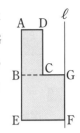

難問 **5** 1 辺の長さが 6 cm の立方体がある。右の図のように，それぞれの面の対角線の交点を A，B，C，D，E，F とするとき，この 6 つの点を頂点とする正八面体の体積を求めなさい。(10点) 〔埼玉〕

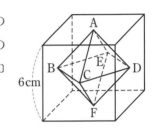

6 右の図のように，半径が r の半球の形をした容器 A と半径が r で高さが $2r$ の円柱の形をした容器 B がある。容器 A に水をいっぱい入れて，容器 B に移すとき，容器 A の何杯分の水が容器 B に入るか求めなさい。ただし，容器の厚みは考えないものとする。(10点) 〔滋賀〕

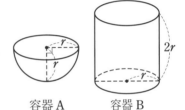

容器 A　　　容器 B

7 直方体 ABCD－EFGH があり，AB＝6 cm，AD＝AE＝4 cm である。右の図はこの直方体に 3 つの線分 AC，AF，CF を示したものである。このとき次の問いに答えなさい。(10点×2) 〔京都〕

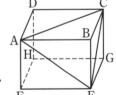

(1) 右下の図は直方体 ABCD－EFGH の展開図の 1 つに，3 つの頂点 D，G，H を示した。3 つの線分 AC，AF，CF を，右下の図に書き入れなさい。ただし，文字 A，C，F をかく必要はない。

(2) 直方体 ABCD－EFGH を，3 つの頂点 A，C，F を通る平面で切ってできる，三角錐 ABCF の体積を求めなさい。

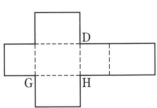

ヒント

5 正八面体は四角錐が 2 つ重なった立体だと考える。

6 それぞれの体積を求めて考える。

7 (1) 頂点を展開図に書き込むと求めやすくなる。

23 データの整理

重要点をつかもう

1 データの整理

①**度数分布表**…データをいくつかの階級に分け，階級に応じた度数を示して，データのようすをわかりやすくした表。

②**ヒストグラム**(柱状グラフ)…各階級の幅を横，度数を縦とする長方形を順に並べてかいたグラフ。

③**相対度数**…各階級の度数の全体に対する割合。

2 代表値

①**平均値＝データの値の合計÷データの個数**

②**中央値**(メジアン)…データをその数値の大きさの順に並べたとき，中央にくる数値。

③**最頻値**(モード)…データの数値のうちで，度数の最も多い数値。

Step 1 基本問題

解答▶別冊43ページ

1 [度数分布表] 次の表は，ある中学校の女子(40人)の走り幅とびの記録(単位m)である。あとの問いに答えなさい。

3.31	3.69	3.51	3.43	3.47	4.02	3.50	3.98	3.03	3.58
2.95	3.23	3.66	2.86	3.35	3.10	3.74	3.85	3.77	3.41
3.78	3.20	3.53	3.43	3.44	3.34	3.37	3.12	3.08	3.82
3.18	3.53	3.13	3.41	3.75	3.38	3.39	3.30	3.37	3.45

(1) 40人の記録の範囲を求めなさい。

(2) 3.50の人は，下の度数分布表ではどの階級に属しますか。

(3) 下の度数分布表を完成させなさい。

階級(m)	度数(人)	累積度数(人)
以上　　未満		
2.75～3.00		
3.00～3.25		
3.25～3.50		
3.50～3.75		
3.75～4.00		
4.00～4.25		
計		

Guide

 範囲(レンジ)

データの最大値から最小値をひいた値。

範囲＝最大値－最小値

 度数分布表

▶**階級**…データを整理するための区間。

▶**階級の幅**…区間の幅。

▶**度数**…階級に入るデータの個数。

▶**階級値**…階級の真ん中の値。

▶**累積度数**…最初の階級からその階級までの度数の合計。

第1章
第2章
第3章
第4章
第5章
第6章
第7章
総仕上げテスト

重要 **2** [ヒストグラム] **1**の(3)でつくった度数分布表について，次の
問いに答えなさい。

(1) ヒストグラムに表しなさい。

(2) (1)から度数折れ線をつくりなさい。

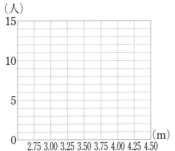

（人）
15

10

5

0　2.75 3.00 3.25 3.50 3.75 4.00 4.25 4.50　(m)

 ヒストグラム

▶ヒストグラム…下の図のように，長方形を順に並べてかいたグラフ。

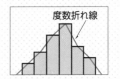
度数折れ線

▶度数折れ線…上の図のように，ヒストグラムの長方形の上の辺の中点を順に結んでつくったグラフ。度数分布多角形ともいう。

重要 **3** [代表値] 下の表は 25 人のクラスの生徒のテストの得点を表したものである。これについて次の問いに答えなさい。

得点(点)	3	4	5	6	7	8	9	10
人数(人)	2	3	3	5	7	2	2	1

(1) 中央値を求めなさい。

(2) 最頻値を求めなさい。

(3) 平均値を求めなさい。

 代表値

平均値，中央値，最頻値のように，データ全体のようすを表す数値を代表値という。

4 [相対度数] 下の表は，ある学級の男子全体の身長の度数分布表である。それぞれの階級の相対度数を求め，下の表に書き入れなさい。

階級(m)	度数(人)	相対度数	累積相対度数
以上　　未満 145〜150	3		
150〜155	4		
155〜160	6		
160〜165	5		
165〜170	2		
計	20	1.00	

 相対度数

▶相対度数＝ $\dfrac{各階級の度数}{度数の合計}$

▶累積相対度数…最初の階級からその階級までの相対度数の合計。

Step **2** 標準問題

解答▶別冊44ページ

重要 **1** 右の表は，ある学級 40 人の身長を測定した結果をまとめたものである。次の問いに答えなさい。（6点×3）　〔青森−改〕

身長(cm)	人数(人)
以上　　未満 130〜140	2
140〜150	a
150〜160	14
160〜170	12
170〜180	4
計	40

(1) a の値を求めなさい。

(2) 160 cm 以上の生徒の人数は学級全体の何 % になりますか。

(3) 最頻値（さいひんち）を求めなさい。

2 下に示したデータは，ある中 1 の女子の垂直とびの結果を記録（単位 cm）したものである。次の問いに答えなさい。

40	45	32	51	38	42	36	54	50	34
46	35	39	53	47	48	49	39	43	46

(1) 上の資料を，下のような度数分布表に整理した。表をうめなさい。（10点）

階級(cm)	度数(人)	累積度数(人)
以上　　未満 30〜35		
35〜40		
40〜45		
45〜50		
50〜55		
計		

(2) 40 cm 以上 45 cm 未満の階級の相対度数を，小数第二位まで求めなさい。（7点）

(3) 中央値を求めなさい。（7点）

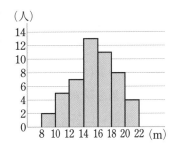

重要 **3** 右の図は，ある中学校の 3 年生の女子のハンドボール投げの測定結果をまとめ，ヒストグラムに表したものである。次の問いに答えなさい。(6点×3) 〔東京-改〕

(1) 3 年生の女子の人数を求めなさい。

(2) 18 m 以上投げた生徒の人数は，全体の何 % にあたりますか。

(3) 平均値を求めなさい。

4 下の表は，あるクラス 40 人のテストの点数の度数分布表である。次の問いに答えなさい。

点数（点） 以上　未満	度数（人）	相対度数	累積相対度数
40～50	2	0.05	
50～60	4	ア	
60～70	イ	0.15	
70～80	12	0.30	
80～90	ウ	0.25	
90～100	6	エ	
計	40	1.00	

(1) ア，イ，ウ，エにあてはまる数をそれぞれ求めなさい。(6点×4)

(2) 累積相対度数を上の表に書き入れなさい。(8点)

(3) 60 点以上 80 点未満の人はクラス全体の何 % になるか求めなさい。(8点)

★☆★

3 (3) 合計の人数が偶数のときは，中央にある 2 人の平均値を中央値にする。20 人であれば，10 番目と 11 番目の数値の平均を求める。

4 (1) 度数＝度数の合計×相対度数　で求められる。

Step ③ 実 力 問 題

時 間 40分 ／ 合格点 80点 ／ 得 点 点

解答▶別冊44ページ

1 右の表は，あるクラスの男子の身長の測定結果を階級ごとにまとめたものである。次の問いに答えなさい。(10点×4)　〔沖縄〕

階級(cm)	階級値(cm)	度数(人)	階級値×度数
以上　　未満			
145.0～150.0	147.5	1	147.5
150.0～155.0	ア	4	610.0
155.0～160.0	157.5	4	630.0
160.0～165.0	162.5	イ	□
165.0～170.0	167.5	3	502.5
170.0～175.0	172.5	2	345.0
計		20	3210.0

(1) 表中のア，イにあてはまる数を求めなさい。

(2) 155 cm 以上の生徒の数を求めなさい。

(3) 身長の平均値を，小数第1位まで求めなさい。

2 右の表は，50人の生徒の数学と英語の成績(10点満点)の相関表である。次の問いに答えなさい。(10点×4)

英＼数	4	5	6	7	8	9	10点	計
10点						1	1	2
9				1	2	3	1	7
8			1	3	1	3	1	9
7		1	3	5	3	2		14
6		2	2	4	2	1		11
5	2	2	1	1				6
4	1							1
計	3	5	7	14	8	10	3	50

(1) 数学の成績が英語よりよい生徒は何人ですか。

(2) 英語が8点の人の相対度数を求めなさい。

(3) 数学が8点以上の生徒の，英語の平均点は何点ですか。四捨五入して小数第1位まで求めなさい。

(4) 英語が7点未満の生徒の，数学の平均点は何点ですか。四捨五入して小数第1位まで求めなさい。

3 右の表は，北海道の農家Aと農家Bがそれぞれ収穫したトウモロコシの中から，健太さんたちが無作為に120本ずつ選んでその重さを調べ，度数分布表にまとめたものである。次の問いに答えなさい。(10点×2)　〔北海道〕

(1) 農家Aの380g以上400g未満の階級の相対度数を求めなさい。

階級(g)	度数(本)	
	農家A	農家B
以上　未満 300～320	12	8
320～340	15	11
340～360	17	16
360～380	17	24
380～400	18	23
400～420	15	23
420～440	12	10
440～460	14	5
計	120	120

記述式
(2) 健太さんたちは，農家Aと農家Bで収穫したトウモロコシについて，表を見て話し合っている。

> 健太さん「農家Aと農家Bでは，どちらが重いトウモロコシをたくさん収穫できたのかな。平均値を表から求めると，同じになるよね。」
> 優花さん「440g以上460g未満の階級の度数を比較すると，農家Aのほうが重いトウモロコシをたくさん収穫できたと思うよ。」
> 達也さん「でも1つの階級だけでなく，表全体の傾向をみて判断したらどうかな。平均値以外の代表値を使って比較すると，農家Aのほうが重いトウモロコシをたくさん収穫できたとは言い切れないよ。」

達也さんのように「農家Aのほうが重いトウモロコシをたくさん収穫できたとは言い切れないよ」と考えることもできる。そのように考える理由を代表値を使って説明するとき，☐☐☐に理由を書きなさい。
ただし，使う代表値が入っている階級を示して説明すること。
【説明】

> ［　　　　　　　　　　　　　　　］から，農家Aのほうが重いトウモロコシをたくさん収穫できたとは言い切れない。

---

1 (3) 平均値は $\dfrac{(階級値×度数)の合計}{度数の合計}$ で求められる。

3 (2) それぞれの中央値で比較する。

総仕上げテスト

 時 間 **60分**　 合格点 **80点**　 得 点 　　点

【　　月　　日】

解答▶別冊45ページ

❶ 次の計算をしなさい。(4点×4)

(1) $5 \times (-3)^2 + (-2^2) \div 4$ 　〔青　森〕

(2) $-\dfrac{2}{5} \times \left(-\dfrac{1}{3}\right) \div \dfrac{2}{3} - 1$ 　〔長　野〕

(3) $7 + 12\left(\dfrac{5}{6}x - \dfrac{3}{4}\right)$ 　〔鳥　取〕

(4) $\dfrac{2x-1}{5} - \dfrac{x-3}{4}$ 　〔愛　媛〕

❷ 次の問いに答えなさい。(4点×7)

(1) -3，-1，0，2，4 の 5 つの数から異なる 2 つの数を選んで積を求める。 　〔秋　田〕

　①積が最も大きくなる 2 つの数を書きなさい。

　②積が最も小さくなる 2 つの数を書きなさい。

(2) $a = -\dfrac{2}{3}$ のとき，$10 - 12a$ の値を求めなさい。 　〔徳　島〕

(3) 次の式を満たす x の値を求めなさい。

　$(x+3) : 5 = (x-2) : 2$ 　〔東京工業大附属科学技術高〕

(4) x についての 1 次方程式 $ax + 3 = 8x - 7$ の解が 5 であるとき，a の値を求めなさい。 　〔奈　良〕

(5) あるクラスで調理実習をするのに，材料費を集めることになった。1 人 300 円ずつ集めると，材料費が 1300 円不足し，1 人 400 円ずつ集めると，2000 円余る。このクラスの人数を求めなさい。 　〔大　分〕

(6) ある商品に原価の 3 割増しの定価をつけたが，売れなかったので定価の 2 割引きで売ったところ，200 円の利益があった。この商品の原価を求めなさい。 　〔東京女子学園高〕

❸ 次の問いに答えなさい。(4点×4)

(1) y が x に比例し，$x=8$ のとき $y=-4$ である。このとき，y を x の式で表しなさい。

〔福 岡〕

(2) y が x に比例し，$x=-3$ のとき $y=12$ である。$y=-6$ のときの x の値を求めなさい。

(3) y は x に反比例し，$x=6$ のとき $y=-4$ である。$x=8$ のときの y の値を求めなさい。

〔兵 庫〕

(4) y は x に反比例し，$x=4$ のとき $y=-3$ である。また，x の変域が $3\leqq x\leqq6$ のとき，y の変域は $a\leqq y\leqq b$ である。このとき，a, b の値を求めなさい。

❹ 右の図のように，直線 $y=2x$ とその直線上の点 A を通る関数 $y=\dfrac{a}{x}$ のグラフがある。点 A の y 座標が 6 のとき，a の値を求めなさい。(5点)　　　　　　　　　　　　〔宮 崎〕

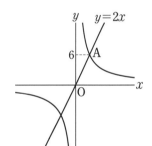

❺ 右の図で，点 P を通り，直線 ℓ 上の点 Q で直線 ℓ に接する円を，定規とコンパスを用いて作図しなさい。なお，作図に用いた線は消さずに残しておくこと。(5点)　　　　〔三 重〕

❻ 右の図は，正四面体の展開図である。この展開図を組み立てたとき，辺 AB とねじれの位置にある辺を答えなさい。(5点)　　　〔岩 手〕

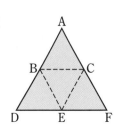

❼ 図1は，底面の1辺の長さと高さが等しい正四角錐である。
図2は，1辺の長さが図1の正四角錐の高さの2倍の立方体
である。図2の立方体の体積は，図1の正四角錐の体積の何
倍か，求めなさい。(5点) 　〔秋 田〕

（図1） （図2）

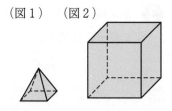

❽ 右の図のような四角形を，直線ℓを軸として1回転させてできる回転
体の体積を求めなさい。ただし，円周率はπとする。(5点) 　〔滋 賀〕

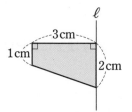

❾ 右の図の立体は，半径6cmの球を中心Oを通る平面で切った半球で
ある。この半球の表面積を求めなさい。(5点) 　〔青 森〕

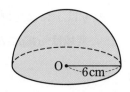

❿ あるクラスの生徒20人について，1か月間に読んだ本の冊数を
調査した。右の図は，その結果をヒストグラムに表したもので
ある。次の問いに答えなさい。(5点×2) 　〔愛 媛〕

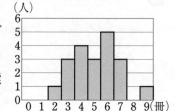

(1) 次の**ア**〜**エ**のうち，正しいものはどれか。適当なものを1つ選
び，その記号を書きなさい。
　ア 最頻値，平均値，中央値のうち，最も小さいのは平均値である。
　イ 最頻値，平均値，中央値のうち，最も大きいのは中央値である。
　ウ 最頻値は平均値より小さい。
　エ 平均値は中央値より大きい。

(2) 1か月間に読んだ本の冊数が7冊以上であった生徒の人数は，全体の何％ですか。

標準問題集
中1数学
解答編

1　正負の数

Step 1　解答	p.2 〜 p.3

1 整数…8，-3，$+10$，0
　　自然数…8，$+10$

2 A…-3　B…$-1\frac{1}{2}(-1.5)$　C…$+\frac{1}{2}(+0.5)$

$$\begin{array}{c} \underset{-5}{} \quad \underset{-4}{\overset{F}{\bullet}} \quad \underset{-3}{\overset{E}{\bullet}} \quad \underset{-2}{} \quad \underset{-1}{} \quad \underset{0}{} \quad \underset{+1}{} \quad \underset{+2}{} \quad \underset{+3}{} \quad \underset{+4}{\overset{D}{\bullet}} \underset{+5}{\overset{G}{\bullet}} \end{array}$$

3 (1) 7 減る　(2) 3 増える　(3) 6 小さい
　　(4) 4 大きい

4 (1) 6　(2) 7　(3) 4.5　(4) $\frac{3}{8}$

5 (1) 0　(2) $+4$，-4　(3) 9

6 (1) $-1.1>-2$　(2) $-\frac{1}{6}>-6$
　　(3) $+3>0>-1$　(4) $-\frac{1}{4}>-\frac{1}{3}>-\frac{1}{2}$

7 (1) -3.6，-3，0，2，$+2.4$，7
　　(2) -4，$-\frac{11}{6}$，$-\frac{1}{2}$，$\frac{1}{4}$，1，$\frac{12}{5}$

8 (1) A から 7 km 東の地点
　　(2) A から 3 km 西の地点

解き方

1 …，-4，-3，-2，-1，0，1，2，3，4，…を整数という。また，0 より大きい正の整数を自然数という。

2 数直線上では，0 より左が負の数，0 より右が正の数である。

3 負の数を正の数にするから，反対の性質のことばにする。増える⇔減る，大きい⇔小さい。

4 絶対値は，その数から符号（ふごう）をとりさった数である。

5 (3) 絶対値が 5 より小さい整数は，-4，-3，-2，-1，0，1，2，3，4 の 9 個ある。

6 (1)(2) 負の数は，絶対値が小さい数＞絶対値が大きい数　という関係になる。
　　(3) 正の数＞ 0 ＞負の数　という関係になっている。
　　(4) $\frac{1}{2}=\frac{6}{12}$，$\frac{1}{4}=\frac{3}{12}$，$\frac{1}{3}=\frac{4}{12}$ なので，$-\frac{1}{4}>-\frac{1}{3}>-\frac{1}{2}$

または，小数になおして考えてもよい。
$$-\frac{1}{2}=-0.5,\ -\frac{1}{4}=-0.25,\ -\frac{1}{3}=-0.333\cdots$$

7 正の数は絶対値が大きいほど数は大きく，負の数は絶対値が大きいほど数は小さくなる。

8 (2) -3 km なので，A から東と反対の西に 3 km 進んだ地点になる。

2　正負の数の加減

Step 1　解答	p.4 〜 p.5

1 (1) -7　(2) $+35$　(3) -34　(4) -5
　　(5) -15　(6) $+9$

2 (1) -0.8　(2) -3.4　(3) $+\frac{2}{5}$　(4) $-\frac{7}{12}$

3 (1) -1　(2) $+3$　(3) $+6$　(4) -4

4 (1) -3　(2) $+7$　(3) $+8$　(4) -13
　　(5) -4.2　(6) -0.7　(7) $+2$　(8) $-\frac{1}{6}$

5 (1) 2　(2) 7　(3) -4　(4) 8

6 (1) 4.6　(2) 0

解き方

1 (1) $(-4)+(-3)=-(4+3)=-7$
　　(2) $(+12)+(+23)=+(12+23)=+35$
　　(3) $(-13)+(-21)=-(13+21)=-34$
　　(4) $(+2)+(-7)=-(7-2)=-5$
　　(5) $(-27)+(+12)=-(27-12)=-15$
　　(6) $(+24)+(-15)=+(24-15)=+9$

2 (1) $(+4.6)+(-5.4)=-(5.4-4.6)=-0.8$
　　(2) $(-7)+(+3.6)=-(7-3.6)=-3.4$
　　(3) $\left(-\frac{2}{5}\right)+\left(+\frac{4}{5}\right)=+\left(\frac{4}{5}-\frac{2}{5}\right)=+\frac{2}{5}$
　　(4) $\left(-\frac{3}{4}\right)+\left(+\frac{1}{6}\right)=-\left(\frac{3}{4}-\frac{1}{6}\right)=-\left(\frac{9}{12}-\frac{2}{12}\right)$
　　　　$=-\frac{7}{12}$

3 (1) $(+4)+(-1)+(-4)=(+4)+\{-(1+4)\}$
　　　　$=(+4)+(-5)=-(5-4)=-1$

左カラム

⚠ ここに注意

かっこを二重に使うとき，{ }を使うことがある。

(2) $(-5)+(+3)+(+5)=+(3+5)+(-5)$
$=(+8)+(-5)=+(8-5)=+3$

(3) $(+2)+(-4)+(+8)=+(2+8)+(-4)$
$=(+10)+(-4)=+(10-4)=+6$

(4) $(-3)+(+6)+(-7)=\{-(3+7)\}+(+6)$
$=(-10)+(+6)=-(10-6)=-4$

4 (1) $(+2)-(+5)=(+2)+(-5)=-(5-2)=-3$

(2) $(+4)-(-3)=(+4)+(+3)=+(4+3)=+7$

(3) $0-(-8)=0+(+8)=+8$

(4) $(-7)-(+6)=(-7)+(-6)=-(7+6)=-13$

(5) $(-2.7)-(+1.5)=(-2.7)+(-1.5)=-(2.7+1.5)$
$=-4.2$

(6) $(-8)-(-7.3)=(-8)+(+7.3)=-(8-7.3)$
$=-0.7$

(7) $\left(+\dfrac{3}{5}\right)-\left(-\dfrac{7}{5}\right)=\left(+\dfrac{3}{5}\right)+\left(+\dfrac{7}{5}\right)=+\left(\dfrac{3}{5}+\dfrac{7}{5}\right)$
$=+2$

(8) $\left(-\dfrac{1}{2}\right)-\left(-\dfrac{1}{3}\right)=\left(-\dfrac{1}{2}\right)+\left(+\dfrac{1}{3}\right)=-\left(\dfrac{1}{2}-\dfrac{1}{3}\right)$
$=-\left(\dfrac{3}{6}-\dfrac{2}{6}\right)=-\dfrac{1}{6}$

5 (1) $(-3)+(-2)-(-7)=(-3)+(-2)+(+7)$
$=-3-2+7=-5+7=2$

(2) $(+4)-(-5)+(-2)=(+4)+(+5)+(-2)$
$=4+5-2=9-2=7$

(3) $4+(-7)-(+1)=4+(-7)+(-1)=4-7-1$
$=4-8=-4$

(4) $5-(+3)-(-6)=5+(-3)+(+6)=5-3+6$
$=11-3=8$

⚠ ここに注意

計算結果が正の数のときは，符号＋を省略できる。

6 (1) $7.3+(-4.1)-(-1.4)=7.3+(-4.1)+(+1.4)$
$=7.3-4.1+1.4=8.7-4.1=4.6$

(2) $-\dfrac{7}{6}-\left(-\dfrac{5}{3}\right)+\left(-\dfrac{1}{2}\right)=-\dfrac{7}{6}+\left(+\dfrac{5}{3}\right)+\left(-\dfrac{1}{2}\right)$
$=-\dfrac{7}{6}+\dfrac{5}{3}-\dfrac{1}{2}=-\dfrac{7}{6}+\dfrac{10}{6}-\dfrac{3}{6}=-\dfrac{10}{6}+\dfrac{10}{6}=0$

右カラム

1 (1) 1　(2) -10　(3) -3　(4) -10
(5) 9　(6) 6

2 (1) -0.7　(2) -1.8　(3) -11.7　(4) 1.5
(5) 8.7　(6) -7.2　(7) 1.7　(8) -9

3 (1) $\dfrac{1}{4}$　(2) $-\dfrac{7}{15}$　(3) $-\dfrac{13}{12}$　(4) $-\dfrac{1}{2}$
(5) $\dfrac{3}{10}$　(6) $-\dfrac{13}{24}$

4 (1) -7　(2) 1　(3) -17　(4) -2　(5) 2
(6) -4　(7) 1　(8) 2　(9) -6　(10) -15

5 (1) -3.6　(2) 3.2　(3) -2.4　(4) -2
(5) $\dfrac{19}{30}$　(6) $\dfrac{23}{20}$　(7) $-\dfrac{13}{30}$　(8) $\dfrac{13}{60}$

解き方

1 (1) $-3+4=1$

(2) $-6+(-4)=-6-4=-10$

(3) $5+(-8)=5-8=-3$

(4) $-7-3=-10$

(5) $2-(-7)=2+7=9$

(6) $-4-(-10)=-4+10=6$

⚠ ここに注意

かっこをはずすときは次のように考える。
+( )→ そのままかっこをはずす。
$+(+\bullet)=+\bullet$　　$+(-\bullet)=-\bullet$
−( )→ 符号を変えてかっこをはずす。
$-(+\bullet)=-\bullet$　　$-(-\bullet)=+\bullet$

2 (1) $1.8+(-2.5)=1.8-2.5=-0.7$

(2) $-3.2+1.4=-1.8$

(3) $-4.5+(-7.2)=-4.5-7.2=-11.7$

(4) $2.6+(-1.1)=2.6-1.1=1.5$

(5) $6.5-(-2.2)=6.5+2.2=8.7$

(6) $-1.6-(+5.6)=-1.6-5.6=-7.2$

(7) $3.4-(+1.7)=3.4-1.7=1.7$

(8) $-5.5-3.5=-9$

3 (1) $\dfrac{1}{2}+\left(-\dfrac{1}{4}\right)=\dfrac{1}{2}-\dfrac{1}{4}=\dfrac{2}{4}-\dfrac{1}{4}=\dfrac{1}{4}$

(2) $-\dfrac{2}{3}+\dfrac{1}{5}=-\left(\dfrac{10}{15}-\dfrac{3}{15}\right)=-\dfrac{7}{15}$

(3) $-\dfrac{3}{4}+\left(-\dfrac{1}{3}\right)=-\dfrac{3}{4}-\dfrac{1}{3}=-\left(\dfrac{9}{12}+\dfrac{4}{12}\right)=-\dfrac{13}{12}$

(4) $\dfrac{1}{3}-\dfrac{5}{6}=-\left(\dfrac{5}{6}-\dfrac{2}{6}\right)=-\dfrac{3}{6}=-\dfrac{1}{2}$

(5) $-\dfrac{1}{5}-\left(-\dfrac{1}{2}\right)=-\dfrac{1}{5}+\dfrac{1}{2}=+\left(\dfrac{5}{10}-\dfrac{2}{10}\right)=\dfrac{3}{10}$

(6) $-\dfrac{3}{8}-\dfrac{1}{6}=-\left(\dfrac{9}{24}+\dfrac{4}{24}\right)=-\dfrac{13}{24}$

4 (1) $-4+3+(-6)=-4+3-6=-10+3=-7$

(2) $5-8-(-4)=5-8+4=9-8=1$

(3) $-6+(-9)-2=-6-9-2=-17$

(4) $3-(-2)-7=3+2-7=5-7=-2$

(5) $-1-4+7=-5+7=2$

(6) $-6+10-8=-14+10=-4$

(7) $-2+(-6)+5-(-4)=-2-6+5+4=-8+9$
$\qquad =1$

(8) $3-(-5)+2-(+8)=3+5+2-8=10-8=2$

(9) $6-7+5-10=11-17=-6$

(10) $-9-2+4-8=-19+4=-15$

5 (1) $-4.2+(-1.6)-(-2.2)=-4.2-1.6+2.2$
$\qquad =-5.8+2.2=-3.6$

(2) $6.3-(+1.4)+(-1.7)=6.3-1.4-1.7$
$\qquad =6.3-3.1=3.2$

(3) $1.8+1.4-5.6=3.2-5.6=-2.4$

(4) $-5.5-1.2+4.2+0.5=-6.7+4.7=-2$

(5) $-\dfrac{1}{5}+\dfrac{1}{2}-\left(-\dfrac{1}{3}\right)=-\dfrac{1}{5}+\dfrac{1}{2}+\dfrac{1}{3}$
$\qquad =-\dfrac{6}{30}+\dfrac{15}{30}+\dfrac{10}{30}=-\dfrac{6}{30}+\dfrac{25}{30}=\dfrac{19}{30}$

(6) $\dfrac{1}{4}-\left(-\dfrac{1}{2}\right)-\left(-\dfrac{2}{5}\right)=\dfrac{1}{4}+\dfrac{1}{2}+\dfrac{2}{5}=\dfrac{5}{20}+\dfrac{10}{20}+\dfrac{8}{20}$
$\qquad =\dfrac{23}{20}$

(7) $-\dfrac{1}{2}+\dfrac{2}{3}-\dfrac{3}{5}=-\dfrac{15}{30}+\dfrac{20}{30}-\dfrac{18}{30}=-\dfrac{33}{30}+\dfrac{20}{30}$
$\qquad =-\dfrac{13}{30}$

(8) $\dfrac{1}{2}-\dfrac{1}{3}+\dfrac{1}{4}-\dfrac{1}{5}=\dfrac{30}{60}-\dfrac{20}{60}+\dfrac{15}{60}-\dfrac{12}{60}$
$\qquad =\dfrac{45}{60}-\dfrac{32}{60}=\dfrac{13}{60}$

3 正負の数の乗除

Step 1　解答　　　　　　　　　　　p.8～p.9

1 (1) 6　(2) 24　(3) -16　(4) -15　(5) -28

(6) -10　(7) 6　(8) $-\dfrac{1}{4}$

2 (1) -24　(2) -60　(3) -36　(4) 120　(5) $-\dfrac{15}{8}$

(6) 96

3 (1) 64　(2) -8　(3) -27　(4) -16　(5) 32

(6) $\dfrac{4}{9}$

4 (1) 8　(2) -4　(3) -4　(4) -1.3　(5) $-\dfrac{1}{4}$

(6) $\dfrac{5}{6}$　(7) $-\dfrac{1}{2}$　(8) 4

5 (1) 4　(2) $\dfrac{3}{20}$　(3) -3　(4) $-\dfrac{9}{4}$　(5) 72

(6) $-\dfrac{15}{16}$　(7) 6　(8) -6

解き方

1 (1) $(+3)\times(+2)=+(3\times2)=6$

(2) $(-4)\times(-6)=+(4\times6)=24$

(3) $(-2)\times(+8)=-(2\times8)=-16$

(4) $(+5)\times(-3)=-(5\times3)=-15$

(5) $(-7)\times4=-(7\times4)=-28$

(6) $2.5\times(-4)=-(2.5\times4)=-10$

(7) $(-8)\times\left(-\dfrac{3}{4}\right)=+\dfrac{8\times3}{4}=6$

(8) $-\dfrac{3}{2}\times\dfrac{1}{6}=-\dfrac{3\times1}{2\times6}=-\dfrac{1}{4}$

2 (1) $(+3)\times(+2)\times(-4)=-(3\times2\times4)=-24$

(2) $(-3)\times(-4)\times(-5)=-(3\times4\times5)=-60$

(3) $3\times(-6)\times2=-(3\times6\times2)=-36$

(4) $-6\times4\times(-5)=+(6\times4\times5)=120$

(5) $\dfrac{1}{2}\times\left(-\dfrac{5}{6}\right)\times\dfrac{9}{2}=-\dfrac{1\times5\times9}{2\times6\times2}=-\dfrac{15}{8}$

(6) $(-2)\times(-4)\times(+2)\times(+6)=+(2\times4\times2\times6)$
$\qquad =96$

3 (1) $4^3=4\times4\times4=64$

(2) $(-2)^3=(-2)\times(-2)\times(-2)=-(2\times2\times2)=-8$

(3) $-3^3=-(3\times3\times3)=-27$

(4) $-(-4)^2=-\{(-4)\times(-4)\}=-16$

(5) $2\times4^2=2\times4\times4=32$

(6) $\left(-\dfrac{2}{3}\right)^2=\left(-\dfrac{2}{3}\right)\times\left(-\dfrac{2}{3}\right)=+\dfrac{2\times2}{3\times3}=\dfrac{4}{9}$

4 (1) $(-24)\div(-3)=+(24\div3)=8$

(2) $(-20)\div(+5)=-(20\div5)=-4$

(3) $(-32)\div8=-(32\div8)=-4$

(4) $6.5\div(-5)=-(6.5\div5)=-1.3$

(5) $(-25)\div100=-(25\div100)=-\dfrac{25}{100}=-\dfrac{1}{4}$

(6) $-15\div(-18)=+(15\div18)=\dfrac{15}{18}=\dfrac{5}{6}$

(7) $\dfrac{1}{3}\div\left(-\dfrac{2}{3}\right)=\dfrac{1}{3}\times\left(-\dfrac{3}{2}\right)=-\dfrac{1\times3}{3\times2}=-\dfrac{1}{2}$

(8) $-\dfrac{4}{3}\div\left(-\dfrac{1}{3}\right)=-\dfrac{4}{3}\times(-3)=+\dfrac{4\times3}{3}=4$

5 (1) $(-2)\times(+6)\div(-3)=+(2\times6\div3)=\dfrac{2\times6}{3}=4$

(2) $(-3)\div(+4)\div(-5)=+(3\div4\div5)=+\dfrac{3}{4\times5}=\dfrac{3}{20}$

(3) $4\div(-8)\times6=-(4\div8\times6)=-\dfrac{4\times6}{8}=-3$

(4) $6\times(-3)\div(-2)\div(-4)=-(6\times3\div2\div4)$
$=-\dfrac{6\times3}{2\times4}=-\dfrac{9}{4}$

(5) $-3^3\times2^4\div(-6)=-27\times16\div(-6)$
$=+(27\times16\div6)=\dfrac{27\times16}{6}=72$

(6) $\dfrac{5}{2}\times\left(-\dfrac{1}{4}\right)\div\dfrac{2}{3}=\dfrac{5}{2}\times\left(-\dfrac{1}{4}\right)\times\dfrac{3}{2}=-\dfrac{5\times1\times3}{2\times4\times2}$
$=-\dfrac{15}{16}$

(7) $\dfrac{1}{3}\times\left(-\dfrac{1}{4}\right)\div\dfrac{1}{6}\div\left(-\dfrac{1}{12}\right)=\dfrac{1}{3}\times\left(-\dfrac{1}{4}\right)\times6\times(-12)$
$=+\dfrac{1\times1\times6\times12}{3\times4}=6$

(8) $0.8\times(-1.2)\div(-0.4)^2=\dfrac{8}{10}\times\left(-\dfrac{12}{10}\right)\div\left(-\dfrac{4}{10}\right)^2$
$=\dfrac{8}{10}\times\left(-\dfrac{12}{10}\right)\div\dfrac{16}{100}=\dfrac{8}{10}\times\left(-\dfrac{12}{10}\right)\times\dfrac{100}{16}$
$=-\dfrac{8\times12\times100}{10\times10\times16}=-6$

> **ここに注意**
>
> $0.1=\dfrac{1}{10}$, $0.01=\dfrac{1}{100}$ を利用して,
> 小数を分数にして計算したほうが簡単になる。

4 正負の数の四則計算

Step 1 解答　　　　　　　　　p.10 ～ p.11

1 (1) -3　(2) 1　(3) -42　(4) -14

2 (1) 5　(2) 26　(3) -3　(4) -14
(5) 47　(6) -15　(7) -28

3 (1) -6　(2) -8　(3) -1　(4) 80
(5) 120　(6) -3　(7) 75　(8) -24

4 (1) -1　(2) -8　(3) -400　(4) 7

5 (1) ア，ウ　(2) 分数

解き方

1 (1) $9+(-4)\times3=9+(-12)=9-12=-3$

(2) $(-5)-(-2)\times3=(-5)-(-6)=-5+6=1$

(3) $5\times(-8)+(-14)\div7=(-40)+(-2)=-40-2$
$=-42$

(4) $10\div(-5)-(-6)\times(-2)=(-2)-(+12)$
$=-2-12=-14$

2 (1) $5^2-20=25-20=5$

(2) $(-4)^2+10=16+10=26$

(3) $-3^3+6\times(-2)^2=-27+6\times4=-27+24=-3$

(4) $(-2)^3\div(-4)-4^2=(-8)\div(-4)-16=2-16$
$=-14$

(5) $5\times2^2-(-3)\times3^2=5\times4-(-3)\times9=20-(-27)$
$=20+27=47$

(6) $(-6)^2\div4-2^3\times3=36\div4-8\times3=9-24=-15$

(7) $(-4)^3\div(-2)^4+(-6)^3\div9$
$=(-64)\div16+(-216)\div9=-4+(-24)$
$=-4-24=-28$

3 (1) $4+2\times(3-8)=4+2\times(-5)=4+(-10)$
$=4-10=-6$

(2) $-5+9\div(1-4)=-5+9\div(-3)=-5+(-3)$
$=-5-3=-8$

(3) $(6-2^2\times3)+5=(6-4\times3)+5=(6-12)+5$
$=-6+5=-1$

(4) $\{12-(-8)\div2\}\times5=\{12-(-4)\}\times5=(12+4)\times5$
$=16\times5=80$

(5) $\{6^2+(-2)^4\div4\}\times3=(36+16\div4)\times3=(36+4)\times3$
$=40\times3=120$

(6) $(4-7)^2\div\{7+5\times(4-6)\}=(-3)^2\div\{7+5\times(-2)\}$
$=9\div\{7+(-10)\}=9\div(7-10)=9\div(-3)=-3$

(7) $-(-3)^3-\{-6+(2-8)\}\times4$
$=-(-27)-\{-6+(-6)\}\times4=27-(-6-6)\times4$
$=27-(-12)\times4=27-(-48)=27+48=75$

4

(8) $\{8\times(-2)-(-2)^3\}-(-4)^2=\{-16-(-8)\}-16$

　　$=(-16+8)-16=-8-16=-24$

4 (1) $\left(-\dfrac{5}{6}+\dfrac{3}{4}\right)\times 12=-\dfrac{5}{6}\times 12+\dfrac{3}{4}\times 12$

　　$=-10+9=-1$

(2) $(9-81)\div 9=9\div 9-81\div 9=1-9=-8$

(3) $(-8)\times 24+(-8)\times 26=(-8)\times(24+26)$

　　$=(-8)\times 50=-400$

(4) $150\div 9-87\div 9=(150-87)\div 9=63\div 9=7$

5 (1) **イ**では，$a=2$，$b=5$ のとき $2-5=-3$ となり，
　自然数ではない。

　　エでは，$a=3$，$b=2$ のとき $3\div 2=1.5$ となり，
　　自然数ではない。

(2) $-5\div 3=-\dfrac{5}{3}$ のような場合が考えられるので，

　　分数があればよい。

5 正負の数の利用

Step 1　解答	p.12 ～ p.13

1 (1) 62 点　(2) 28 点　(3) 68 点

2 (1) 64 点　(2) G　(3) 46 点　(4) 75 点

3 2, 5, 19, 23, 41, 59

4 (1) 2×3　(2) 3^2　(3) $2^2\times 3$　(4) 3^3

　　(5) $2^2\times 3^2$　(6) $2^2\times 5^2$

5 (1) 最大公約数…2，最小公倍数…40

　　(2) 最大公約数…12，最小公倍数…120

解き方

1 (1) $70-8=62$（点）

(2) 得点が最も高いのは D，最も低いのは B なので，
　この 2 人の差を求めればよい。

　　$(+15)-(-13)=15+13=28$（点）

(3) 平均点は 基準＋基準との差の平均 で求められ
　るので，基準を 70 点として求める。

　　$70+\{(+7)+(-13)+(-8)+(+15)+(-11)\}\div 5$
　　$=70+(22-32)\div 5=70+(-10)\div 5=70+(-2)$
　　$=70-2=68$（点）

2 (1) $75-11=64$（点）

(2) 基準との差が 0 点だと，基準の点と等しくなる
　ので，G

(3) 最高点は D，最低点は C なので，

　　$21-(-25)=21+25=46$（点）

(4) 基準との差の平均は，

$\{(-11)+(+16)+(-25)+(+21)+(-15)+(-5)$
$+0+(-21)\}\div 8=(37-77)\div 8=-40\div 8$
$=-5$（点）

よって，基準点－5 点 が平均の 70 点になるので，
基準点は 75 点となる。

よって，G は 75 点。

4 (1) $2\,)\,\underline{6}$ 　　　　　(2) $3\,)\,\underline{9}$
　　　　3 　　　　　　　3
　　　$6=2\times 3$ 　　　　　$9=3\times 3$
　　　　　　　　　　　　　　　　$=3^2$

(3) $2\,)\,\underline{12}$ 　　　　　(4) $3\,)\,\underline{27}$
　　　$2\,)\,\underline{6}$ 　　　　　　　$3\,)\,\underline{9}$
　　　　3 　　　　　　　　3
　　$12=2\times 2\times 3$ 　　$27=3\times 3\times 3$
　　　$=2^2\times 3$ 　　　　　　$=3^3$

(5) $2\,)\,\underline{36}$ 　　　　　(6) $2\,)\,\underline{100}$
　　$2\,)\,\underline{18}$ 　　　　　　$2\,)\,\underline{50}$
　　$3\,)\,\underline{9}$ 　　　　　　　$5\,)\,\underline{25}$
　　　3 　　　　　　　　5
$36=2\times 2\times 3\times 3$ 　$100=2\times 2\times 5\times 5$
　$=2^2\times 3^2$ 　　　　　　$=2^2\times 5^2$

5 それぞれを素因数分解して，最大公約数と最小公倍
数を求める。

(1) 最大公約数 　　　　　　最小公倍数
　　$8=2\times 2\times 2$ 　　　　$8=2\times 2\times 2$
　　$10=2\times 5$ 　　$10=2\times 5$
　　　　2 　　　　　　　$2\times 2\times 2\times 5=40$

(2) 最大公約数 　　　　　　最小公倍数
　　$24=2\times 2\times 2\times 3$ 　　$24=2\times 2\times 2\times 3$
　　$60=2\times 2\times 3\times 5$ 　$60=2\times 2\times 3\times 5$
　　　$2\times 2\times 3=12$ 　$2\times 2\times 2\times 3\times 5=120$

Step 3 ①　解答	p.14 ～ p.15

1 (1) 5.9　(2) $-\dfrac{5}{8}$　(3) -9　(4) $-\dfrac{7}{12}$　(5) 6

　　(6) $-\dfrac{3}{2}$　(7) 0.027　(8) 576　(9) 12　(10) 6

　　(11) $-\dfrac{1}{8}$　(12) $-\dfrac{5}{4}$

2 (1) -31　(2) -48　(3) $\dfrac{2}{7}$　(4) $-\dfrac{17}{120}$

　　(5) -1　(6) -36　(7) $\dfrac{9}{16}$　(8) $-\dfrac{3}{2}$

3 (1) 7　(2) **イ，エ**　(3) y，z，x

4 (1) $52.2\,\text{kg}$　(2) $7.9\,\text{kg}$　(3) $51.8\,\text{kg}$

解き方

1 (1) $(+4.8)-(-2.6)-(+1.5)=4.8+2.6-1.5$
$=7.4-1.5=5.9$

(2) $\left(-\dfrac{1}{2}\right)+\left(-\dfrac{1}{4}\right)-\left(-\dfrac{1}{8}\right)=-\dfrac{1}{2}-\dfrac{1}{4}+\dfrac{1}{8}$
$=-\dfrac{4}{8}-\dfrac{2}{8}+\dfrac{1}{8}=-\dfrac{6}{8}+\dfrac{1}{8}=-\dfrac{5}{8}$

(3) $-4+8-10-9+6=-23+14=-9$

(4) $\dfrac{1}{3}-\dfrac{5}{6}+\dfrac{5}{9}-\dfrac{7}{12}-\dfrac{1}{18}=\dfrac{12}{36}-\dfrac{30}{36}+\dfrac{20}{36}-\dfrac{21}{36}-\dfrac{2}{36}$
$=\dfrac{32}{36}-\dfrac{53}{36}=-\dfrac{21}{36}=-\dfrac{7}{12}$

(5) $-6\div2\div5\times(-10)=\dfrac{6\times10}{2\times5}=6$

(6) $3\div(-4)\div6\times12=-\dfrac{3\times12}{4\times6}=-\dfrac{3}{2}$

(7) $0.3^3=0.3\times0.3\times0.3=0.027$

(8) $-3^2\times(-4)^3=-9\times(-64)=576$

(9) $12\div(-2)^2\times4=12\div4\times4=\dfrac{12\times4}{4}=12$

(10) $-(-3^3)\div(-6)^2\times8=-(-27)\div36\times8=\dfrac{27\times8}{36}$
$=6$

(11) $\dfrac{5}{6}\times\left(-\dfrac{3}{4}\right)\div5=\dfrac{5}{6}\times\left(-\dfrac{3}{4}\right)\times\dfrac{1}{5}=-\dfrac{5\times3\times1}{6\times4\times5}$
$=-\dfrac{1}{8}$

(12) $0.2\times\left(-\dfrac{1}{4}\right)\div\left(-\dfrac{1}{10}\right)\div(-0.4)$
$=\dfrac{1}{5}\times\left(-\dfrac{1}{4}\right)\div\left(-\dfrac{1}{10}\right)\div\left(-\dfrac{2}{5}\right)$
$=\dfrac{1}{5}\times\left(-\dfrac{1}{4}\right)\times(-10)\times\left(-\dfrac{5}{2}\right)$
$=-\dfrac{1\times1\times10\times5}{5\times4\times2}$
$=-\dfrac{5}{4}$

2 (1) $-8+4\times(-7)+5=-8+(-28)+5$
$=-8-28+5=-36+5=-31$

(2) $(-8)\times5+16\div(-2)=(-40)+(-8)=-40-8$
$=-48$

(3) $\dfrac{2}{5}\div\left(-\dfrac{7}{10}\right)+\dfrac{6}{7}=\dfrac{2}{5}\times\left(-\dfrac{10}{7}\right)+\dfrac{6}{7}=-\dfrac{4}{7}+\dfrac{6}{7}$
$=\dfrac{2}{7}$

(4) $\dfrac{1}{8}-\left(-\dfrac{2}{5}\right)\div\left(-\dfrac{1}{4}\right)\times\dfrac{1}{6}=\dfrac{1}{8}-\left(-\dfrac{2}{5}\right)\times(-4)\times\dfrac{1}{6}$
$=\dfrac{1}{8}-\dfrac{4}{15}=\dfrac{15}{120}-\dfrac{32}{120}=-\dfrac{17}{120}$

(5) $-(-3)^2+2^3=-9+8=-1$

(6) $-6^2\div2-2\times(-3)^2=-36\div2-2\times9=-18-18$
$=-36$

(7) $\dfrac{1}{2}+\left(-\dfrac{1}{4}\right)^2=\dfrac{1}{2}+\dfrac{1}{16}=\dfrac{8}{16}+\dfrac{1}{16}=\dfrac{9}{16}$

(8) $-\left(-\dfrac{1}{2}\right)^2\times\dfrac{8}{3}-\dfrac{5}{6}=-\dfrac{1}{4}\times\dfrac{8}{3}-\dfrac{5}{6}=-\dfrac{2}{3}-\dfrac{5}{6}$
$=-\dfrac{4}{6}-\dfrac{5}{6}=-\dfrac{9}{6}=-\dfrac{3}{2}$

3 (1) 規則性を見つける。

3, $3^2=9$, $3^3=27$, $3^4=81$, $3^5=243$, …より, 一の位は, 「3, 9, 7, 1」の4つの数字の繰り返しになる。よって, $15\div4=3$ 余り 3 より, 3^{15} の一の位の数は, 「3, 9, 7, 1」が3回繰り返された後の3番目の数字になるので, 7になる。

(2) **イ** 例えば, 2, 5は自然数であるが, $2\div5=\dfrac{2}{5}$ は自然数ではないので, 正しくない。
エ 例えば, -3, -2 を考えると, $(-3)\times(-2)=6$ は正の数であるが, $(-3)+(-2)=-5$ は負の数であるので, 正しくない。

(3) **イ**より x の絶対値が y の絶対値より大きいから, $x\neq0$ (x は 0 でない。)
ウより, $x\times z=0$ で $x\neq0$ だから, $z=0$
$x\times y<0$ だから, x と y は異符号である。
アより $x+y+z<0$ だから,
$x+y+0<0$　$x+y<0$
このことと**イ**より, $x<0$, $y>0$ である。
よって, 大きい順に, y, z, x となる。

4 (1) 体重と仮平均との差が最も小さいのは E なので, $52.0+0.2=52.2$ (kg)

(2) 最も重い人は G, 最も軽い人は H なので, $(+4.3)-(-3.6)=4.3+3.6=7.9$ (kg)

(3) $52.0+\{(-2.8)+(+1.2)+(+3.4)+(-1.2)+(+0.2)$
$+(-3.1)+(+4.3)+(-3.6)\}\div8$
$=52.0+(9.1-10.7)\div8=52.0+(-1.6)\div8$
$=52.0+(-0.2)=52.0-0.2=51.8$ (kg)

1 (1) 11, 13, 17, 19, 23, 29

(2) 最大公約数…3, 最小公倍数…180

(3) 12 cm

2 (1) $\dfrac{83}{60}$　(2) $-\dfrac{79}{360}$　(3) $\dfrac{9}{2}$　(4) $\dfrac{2}{5}$　(5) 0

(6) $-\dfrac{5}{6}$　(7) -20　(8) 60

3 (1)

8	-5	3
-3	2	7
1	9	-4

(2)

-12	-10	7
14	-5	-24
-17	0	2

4 (1) 0　(2) 9 回

5 97 点

6 (1) 162 cm　(2) 160 cm　(3) 164 cm

解き方

1 (2) 最大公約数

$12 = 2 \times 2 \times 3$
$15 = \qquad\quad 3 \qquad \times 5$
$18 = 2 \quad\times 3 \times 3$
$\overline{\qquad\qquad 3 \qquad\qquad}$

最小公倍数

$12 = 2 \times 2 \times 3$
$15 = \qquad\quad 3 \qquad \times 5$
$18 = 2 \quad\times 3 \times 3$
$\overline{2 \times 2 \times 3 \times 3 \times 5 = 180}$

(3) 144 を素因数分解すると，$144 = 2^4 \times 3^2$

正方形は 1 辺×1 辺 で求めるので，

$2^4 \times 3^2 = (2^2 \times 3) \times (2^2 \times 3) = 12 \times 12$ と考える。

よって，1 辺は 12 cm。

2 (1) $\dfrac{3}{4} - \left(\dfrac{1}{5} - \dfrac{5}{6}\right) = \dfrac{45}{60} - \left(\dfrac{12}{60} - \dfrac{50}{60}\right) = \dfrac{45}{60} - \left(-\dfrac{38}{60}\right)$

$= \dfrac{45}{60} + \dfrac{38}{60} = \dfrac{83}{60}$

(2) $-\dfrac{5}{8} + \dfrac{5}{12} + \dfrac{8}{9} - \dfrac{3}{10} - \dfrac{3}{5} = -\left(\dfrac{5}{8} + \dfrac{3}{10} + \dfrac{3}{5}\right) + \left(\dfrac{5}{12} + \dfrac{8}{9}\right)$

$= -\left(\dfrac{25}{40} + \dfrac{12}{40} + \dfrac{24}{40}\right) + \left(\dfrac{15}{36} + \dfrac{32}{36}\right) = -\dfrac{61}{40} + \dfrac{47}{36}$

$= -\dfrac{549}{360} + \dfrac{470}{360} = -\dfrac{79}{360}$

(3) $(-16) \times (-3)^3 \div 2^3 \div 12 = (-16) \times (-27) \div 8 \div 12$

$= \dfrac{9}{2}$

(4) $\left(-\dfrac{1}{3}\right) \div 1.2 \times (-0.9) \div \dfrac{5}{8} = \left(-\dfrac{1}{3}\right) \div \dfrac{6}{5} \times \left(-\dfrac{9}{10}\right) \div \dfrac{5}{8}$

$= \left(-\dfrac{1}{3}\right) \times \dfrac{5}{6} \times \left(-\dfrac{9}{10}\right) \times \dfrac{8}{5} = \dfrac{2}{5}$

(5) $(3-7)^2 + (-8) \div (-6)^2 \times 18 \times 2^2$

$= (-4)^2 + (-8) \div (-6)^2 \times 18 \times 2^2$

$= 16 + (-8) \div 36 \times 18 \times 4 = 16 + (-16)$

$= 16 - 16 = 0$

(6) $\left\{\dfrac{4}{9} + \left(-\dfrac{3}{2}\right)^2 \times \dfrac{5}{3^3}\right\} \div \left(-\dfrac{5}{6} - \dfrac{1}{5}\right)$

$= \left(\dfrac{4}{9} + \dfrac{9}{4} \times \dfrac{5}{27}\right) \div \left(-\dfrac{25}{30} - \dfrac{6}{30}\right) = \left(\dfrac{4}{9} + \dfrac{5}{12}\right) \div \left(-\dfrac{31}{30}\right)$

$= \left(\dfrac{16}{36} + \dfrac{15}{36}\right) \div \left(-\dfrac{31}{30}\right) = \dfrac{31}{36} \div \left(-\dfrac{31}{30}\right) = \dfrac{31}{36} \times \left(-\dfrac{30}{31}\right)$

$= -\dfrac{5}{6}$

(7) $-\dfrac{5}{12} \times 25 + \dfrac{5}{12} \times (-23) = -\dfrac{5}{12} \times 25 + \left(-\dfrac{5}{12}\right) \times 23$

$= -\dfrac{5}{12} \times (25 + 23) = -\dfrac{5}{12} \times 48 = -20$

🚨 ここに注意

$a \times (-b) = (-a) \times b$ という等式が成り立つので，分配法則のときはこれを利用して符号（ふごう）を入れかえる。

(8) $4.8 \times 6 + 2.4 \times 5 - 1.2 \times (-16)$

$= 1.2 \times (4 \times 6) + 1.2 \times (2 \times 5) + 1.2 \times 16$

$= 1.2 \times 24 + 1.2 \times 10 + 1.2 \times 16$

$= 1.2 \times (24 + 10 + 16) = 1.2 \times 50 = 60$

3 (1) 右の図のように空らんをア～オ とする。

8	-5	ア
イ	2	ウ
エ	オ	-4

3 つの数の和は，

$8 + 2 + (-4) = 6$

ア $= 6 - \{8 + (-5)\} = 6 - 3$

$= 3$

ウ $= 6 - \{3 + (-4)\} = 6 - (-1) = 6 + 1 = 7$

イ $= 6 - (2 + 7) = 6 - 9 = -3$

エ $= 6 - \{8 + (-3)\} = 6 - 5 = 1$

オ $= 6 - \{1 + (-4)\} = 6 - (-3) = 6 + 3 = 9$

(2) 右の図のように空らんをア～オ とする。

-12	ア	7
14	-5	イ
ウ	エ	オ

$(-12) + (-5) + オ$

$= 7 + イ + オ$　より，

$(-12) + (-5) = 7 + イ$

イ $= \{(-12) + (-5)\} - 7 = -17 - 7 = -24$

よって，3 つの数の和は，

$14 + (-5) + (-24) = -15$

ア $= -15 - \{(-12) + 7\} = -15 - (-5) = -15 + 5$

$= -10$

ウ $= -15 - (-12 + 14) = -15 - 2 = -17$

$エ=-15-\{-10+(-5)\}=-15-(-15)=-15+15$
$=0$

$オ=-15-\{7+(-24)\}=-15-(-17)=-15+17$
$=2$

4 (1) 10 回のうち，4 回が偶数，残りの 6 回が奇数に
なるので，右へ $4×3=12$（目盛り），左へ
$6×2=12$（目盛り）進むので，$12-12=0$

(2) 15 回とも奇数の目が出ると，点 P は
$(-2)×15=-30$ の位置にくる。14 回奇数の目
が出ると，点 P は $(-2)×14+3×1=-25$ の位
置に，13 回奇数の目が出ると，点 P は
$(-2)×13+3×2=-20$ の位置にくる。
このように，5 ずつ増えていくから，$30÷5=6$
より，$15-6=9$（回）

5 平均点は 基準点＋差の平均 になるので，差の平均
は，
$\{(-10)+(+5)+(+15)+(-25)+(+20)+(-15)$
$+(-5)+0+(-20)+(-15)\}÷10$
$=(40-90)÷10=-50÷10=-5$（点）になるので，
基準点$-5=72$ より，基準点は 77 点。
よって E の点数は，$77+20=97$（点）

6 (1) A を基準とした差になおすと，

生徒	A	B	C	D	E
A との差	0	-3	$+4$	-5	-1

よって B は，$165-3=162$（cm）

(2) $165-5=160$（cm）

(3) $165+\{0+(-3)+(+4)+(-5)+(-1)\}÷5$
$=165+(4-9)÷5=165+(-5)÷5=165-1$
$=164$（cm）

---

6 文字式の表し方

Step 1　解答	p.18 ～ p.19

1 (1) $7x$　(2) $-a$　(3) $8(x-3)$　(4) $-6(y+7)$
(5) $-5ab$　(6) $-a^2b$　(7) $3m^2n^2$
(8) $-32a$　(9) $4x$

2 (1) $\dfrac{x}{4}$　(2) $-\dfrac{2x}{5}$　(3) $-\dfrac{6}{a}$　(4) $\dfrac{a+b}{7}$
(5) $-4a$　(6) $\dfrac{6x}{5}$

3 (1) $-\dfrac{ab}{9}$　(2) $-\dfrac{6y}{5x}$　(3) $\dfrac{8(x+y)}{7}$　(4) $-a+\dfrac{b}{4}$
(5) $6-\dfrac{xy}{3}$　(6) $\dfrac{a-b}{6}+4(c+d)$

4 (1) $5×a$　(2) $x÷6$　(3) $-6×a×b$　(4) $8÷x÷y$
(5) $4×a÷3÷b$　(6) $5÷(x-y)$
(7) $-5×a-6÷b$　(8) $2×x×x×x×y×y$

5 (1) $\dfrac{2}{3}$　(2) $\dfrac{a}{3}$

解き方

1 文字と数の積では，数を文字の前に書き，×の記号
を省く。
(2) $a×(-1)$ は $-1a$ としないで，$-a$ と書く。
(4) 数を（ ）の前に書く。
　$(y+7)×(-6)=-6(y+7)$
(5) 文字はふつうアルファベット順に書く。
(6) 同じ文字の積は累乗の指数を使って表す。
　$a×(-1)×b×a=(-1)×a×a×b=-a^2b$
(8) 数どうしの積に文字をかける。
　$8×(-4a)=8×(-4)×a=-32a$
(9) $\dfrac{2}{3}x×6=\dfrac{2}{3}×6×x=4x$

2 (4) では分数の形にしたとき，分子のかっこは書か
ない。
(5) 数どうしで約分する。
　$24a÷(-6)=-\dfrac{24a}{6}=-4a$
(6) $18x÷15=\dfrac{18x}{15}=\dfrac{6x}{5}$

ここに注意

(1) $\dfrac{x}{4}$ のような答えは $\dfrac{1}{4}x$ と表してもよい。

(2) $-\dfrac{2x}{5}$ のような答えは $-\dfrac{2}{5}x$ と表してもよい。

3 (2) $6 \div x \times (-y) \div 5 = -\dfrac{6 \times y}{x \times 5} = -\dfrac{6y}{5x}$

> 🚨 **ここに注意**
>
> 分数の形にしたとき，×の後の数は分子でかけ，
> ÷の後の数は分母でかける。
>
> $a \div b \times c \div d = \dfrac{a \times c}{b \times d} = \dfrac{ac}{bd}$

(3) $8 \times (x+y) \times \dfrac{1}{7} = \dfrac{8 \times (x+y) \times 1}{7} = \dfrac{8(x+y)}{7}$

(5) $6 - x \div 3 \times y = 6 - \dfrac{x \times y}{3} = 6 - \dfrac{xy}{3}$

4 (5) $\dfrac{4a}{3b} = 4 \times a \div 3 \div b$

(6) $\dfrac{5}{x-y} = 5 \div (x-y)$

> 🚨 **ここに注意**
>
> (5) $4 \times a \div 3 \times b$ にしないように注意する。
> (6) $5 \div x - y$ にしないように注意する。

5 (1) $2 \div 3 = \dfrac{2}{3}$ (m)

(2) $a \div 3 = \dfrac{a}{3}$ (m)

7 数量を表す式

Step 1　解答	p.20～p.21

1 (1) $2a$ 円　(2) $\dfrac{x}{5}$ 円　(3) $10a+b$　(4) $\dfrac{a+b+c}{3}$ 点

2 (1) $\dfrac{\ell}{4}$ cm　(2) $\dfrac{ab}{2}$ cm²

3 (1) $\dfrac{200}{x}$ 秒　(2) $(a-10b)$ m

4 (1) $\dfrac{3}{10}a$ 円　(2) $\dfrac{9}{100}x$ 円　(3) $\dfrac{7}{100}x$ g

(4) $\dfrac{b}{2}$ %

5 (1) $60a$ 秒　(2) $\dfrac{b}{60}$ 時間　(3) $\dfrac{x}{1000}$ kg

(4) $1000y$ mL　(5) $\dfrac{p}{100}$ m　(6) $1000q$ m

(7) $10000y$ cm²　(8) $\dfrac{50}{3}b$ m/min

解き方

1 (1) $a \times 2 = 2a$ (円)

(2) $x \div 5 = \dfrac{x}{5}$ (円)

(3) $10 \times a + b = 10a + b$

(4) 3回の平均点＝3回のテストの合計点÷3 だから，

$(a+b+c) \div 3 = \dfrac{a+b+c}{3}$ (点)

2 (1) 正方形の4つの辺の長さは等しいから，1辺の長さは，$\ell \div 4 = \dfrac{\ell}{4}$ (cm)

(2) 三角形の面積＝底辺×高さ÷2 だから，

$a \times b \div 2 = \dfrac{ab}{2}$ (cm²)

3 (1) 時間＝道のり÷速さ だから，

$200 \div x = \dfrac{200}{x}$ (秒)

(2) 道のり＝速さ×時間 だから，

$a - b \times 10 = a - 10b$ (m)

4 (1) 3割＝$\dfrac{3}{10}$ だから，$a \times \dfrac{3}{10} = \dfrac{3}{10}a$ (円)

(2) 9％＝$\dfrac{9}{100}$ だから，$x \times \dfrac{9}{100} = \dfrac{9}{100}x$ (円)

(3) 食塩の重さ＝食塩水の重さ×$\dfrac{食塩水の濃度(\%)}{100}$

だから，$x \times \dfrac{7}{100} = \dfrac{7}{100}x$ (g)

(4) 食塩水の濃度(％)＝食塩の重さ÷食塩水の重さ×100 だから，

$b \div 200 \times 100 = \dfrac{b \times 100}{200} = \dfrac{b}{2}$ (％)

5 (1) 1分＝60秒 だから，$60 \times a = 60a$ (秒)

(2) 1分＝$\dfrac{1}{60}$ 時間 だから，$\dfrac{1}{60} \times b = \dfrac{b}{60}$ (時間)

(3) 1 g＝$\dfrac{1}{1000}$ kg だから，$\dfrac{1}{1000} \times x = \dfrac{x}{1000}$ (kg)

(4) 1 L＝1000 mL だから，$1000 \times y = 1000y$ (mL)

(5) 1 cm＝$\dfrac{1}{100}$ m だから，$\dfrac{1}{100} \times p = \dfrac{p}{100}$ (m)

(6) 1 km＝1000 m だから，$1000 \times q = 1000q$ (m)

(7) 1 m²＝10000 cm² だから，$10000 \times y = 10000y$ (cm²)

(8) 単位を km から m になおしてから，時速から分速になおす。

b km＝$1000b$ m で，時速×$\dfrac{1}{60}$＝分速 だから，

$1000b \times \dfrac{1}{60} = \dfrac{1000b}{60} = \dfrac{50}{3}b$ (m/min)

1 (1) $(3a-b)$ 円　(2) $100a+10b+c$　(3) $ab+2$

(4) πa^2 cm²　(5) $\dfrac{(a+b)c}{2}$ cm²　(6) $\dfrac{2x+3y}{5}$ kg

2 (1) $(10a+b)$ mm　(2) $\left(x+\dfrac{y}{1000}\right)$ kg

(3) $(60a+b)$ 分　(4) $\left(x+\dfrac{y}{10}\right)$ L

3 (1) 大人 3 人の入園料

(2) 大人 5 人と中学生 2 人の入園料

4 (1) $(1200+120a)$ 円　(2) $\left(a-\dfrac{ab}{100}\right)$ 円

(3) $\dfrac{25}{2}a$ g　(4) $\left(\dfrac{3}{50}a+\dfrac{b}{10}\right)$ g　(5) $\dfrac{300x}{300+y}$ %

(6) $\left(15a+\dfrac{b}{100}\right)$ 分　(7) 分速 $\dfrac{1000x-800}{y}$ m

(8) $\dfrac{5a+b}{6}$ cm　(9) $\dfrac{x^2}{10000}$ ha

解き方

1 (1) $3\times a-b=3a-b$ (円)

(2) $100\times a+10\times b+c=100a+10b+c$

(3) わられる数＝わる数×商＋余り　だから，

$a\times b+2=ab+2$

(4) 円の面積＝半径×半径×円周率　だから，

$a\times a\times\pi=\pi a^2$ (cm²)

(5) 台形の面積＝(上底＋下底)×高さ÷2　だから，

$(a+b)\times c\div 2=\dfrac{(a+b)c}{2}$ (cm²)

(6) 5 個の荷物の重さの合計は，

$2\times x+3\times y=2x+3y$ (kg)

よって，$(2x+3y)\div 5=\dfrac{2x+3y}{5}$ (kg)

2 2 つの数量の和や差を 1 つの式で表すときは，単位をそろえる。

(1) a cm＝$10a$ mm だから，$10a+b$ (mm)

(2) y g＝$\dfrac{y}{1000}$ kg だから，$x+\dfrac{y}{1000}$ (kg)

(3) a 時間＝$60a$ 分 だから，$60a+b$ (分)

(4) y dL＝$\dfrac{y}{10}$ L だから，$x+\dfrac{y}{10}$ (L)

3 (1) 大人 1 人が a 円なので，$3a=3\times a$ で大人 3 人分の金額を表している。

(2) $5a+2b=5\times a+2\times b$ より，大人 5 人分と中学生 2 人分の金額を表している。

4 (1) 定価＝原価＋利益　だから，

$1200+1200\times\dfrac{a}{10}=1200+120a$ (円)

別解 　定価＝原価×(1＋利益率)　だから，

$1200\times\left(1+\dfrac{a}{10}\right)=1200\left(1+\dfrac{a}{10}\right)$ (円)

(2) 売値＝定価−割引額　だから，

$a-a\times\dfrac{b}{100}=a-\dfrac{ab}{100}$ (円)

別解 　売値＝定価×(1−割引率)　だから，

$a\times\left(1-\dfrac{b}{100}\right)=a\left(1-\dfrac{b}{100}\right)$ (円)

(3) 食塩水の重さ＝食塩の重さ÷$\dfrac{食塩水の濃度(%)}{100}$

だから，$a\div\dfrac{8}{100}=a\times\dfrac{100}{8}=\dfrac{100}{8}a=\dfrac{25}{2}a$ (g)

(4) $a\times\dfrac{6}{100}+b\times\dfrac{10}{100}=\dfrac{3}{50}a+\dfrac{b}{10}$ (g)

(5) 水を混ぜても食塩の重さは変わらないので，はじめの食塩の重さ÷(食塩水＋水の重さ)×100 で濃度 (%) を求める。

はじめの食塩の重さは，$300\times\dfrac{x}{100}=3x$ (g)

$3x\div(300+y)\times100=\dfrac{300x}{300+y}$ (%)

(6) 単位を分でそろえる。a km を時速 4 km ですすむとき，$a\div 4=\dfrac{a}{4}$ (時間)

$\dfrac{a}{4}\times60=15a$ (分)

$15a+b\div100=15a+\dfrac{b}{100}$ (分)

(7) x km＝$1000x$ m だから，

$(1000x-800)\div y=\dfrac{1000x-800}{y}$ (m/min)

(8) 5 人の身長の合計は，$5\times a=5a$ (cm)

b cm が加わると，6 人の平均になるので，

$(5a+b)\div 6=\dfrac{5a+b}{6}$ (cm)

(9) $x\times x=x^2$ (m²)

1 m²＝$\dfrac{1}{10000}$ ha だから，$\dfrac{1}{10000}\times x^2=\dfrac{x^2}{10000}$ (ha)

8　1次式の計算

1 (1)項…$-2x$, 1　x の係数…-2

(2)項…a, -6　a の係数…1

(3)項…7, $-\dfrac{3}{4}y$　y の係数…$-\dfrac{3}{4}$

(4)項…$\dfrac{a}{8}$, $-b$, 2

　　a の係数…$\dfrac{1}{8}$, b の係数…-1

2 (1)$7a$　(2)$5b$　(3)$-11x$　(4)$\dfrac{6}{7}x$　(5)$\dfrac{4}{5}y$

(6)$-1.7a$　(7)$-3a$　(8)$-5b$

3 (1)$-9a+1$　(2)$4b+5$　(3)$-5y$　(4)-6

4 (1)$-3x+9$　(2)$3y-8$　(3)$-x+4$

(4)$10y-9$

5 (1)$5a-2$　(2)$3x-6$

6 (1)$10x+15$　(2)$24a-6$　(3)$a-2$

(4)$-2y-3$　(5)$x+3$　(6)$4x-2$

7 (1)$3x-10$　(2)$-2a+1$

解き方

1 (2)$a-6=a+(-6)$ だから，項は a, -6

　　$a=1a$ より，a の係数は 1

(3)$7-\dfrac{3}{4}y=7+\left(-\dfrac{3}{4}y\right)$ だから，項は 7, $-\dfrac{3}{4}y$

(4)$\dfrac{a}{8}-b+2=\dfrac{a}{8}+(-b)+2$ より，

　　項は $\dfrac{a}{8}$, $-b$, 2

　　$\dfrac{a}{8}=\dfrac{1}{8}a$, $-b=(-1)\times b$ より，

　　a の係数 $\dfrac{1}{8}$, b の係数 -1

2 (1)$3a+4a=(3+4)a=7a$

(2)$-2b+7b=(-2+7)b=5b$

(3)$-6x+(-5x)=-6x-5x=(-6-5)x=-11x$

(4)$\dfrac{4}{7}x+\dfrac{2}{7}x=\left(\dfrac{4}{7}+\dfrac{2}{7}\right)x=\dfrac{6}{7}x$

(5)$y-\dfrac{1}{5}y=\left(1-\dfrac{1}{5}\right)y=\dfrac{4}{5}y$

> **⚠ ここに注意**
>
> y の係数は 1 なので，計算するときに 0 としないように注意する。

(6)$-0.5a-1.2a=(-0.5-1.2)a=-1.7a$

(7)$3a+(-a)-5a=3a-a-5a=(3-1-5)a=-3a$

(8)$-7b+6b-4b=(-7+6-4)b=-5b$

3 (1)$8-9a-7=-9a+(8-7)=-9a+1$

(2)$8b+5-4b=(8b-4b)+5=4b+5$

(3)$-12y-3+7y+3=(-12y+7y)+(-3+3)=-5y$

(4)$3a-12-5a+2a+6=(3a-5a+2a)+(-12+6)$

　　$=-6$

4 (1)$2x+(9-5x)=2x+9-5x=(2x-5x)+9$

　　$=-3x+9$

(2)$(6y-4)+(-3y-4)=6y-4-3y-4$

　　$=(6y-3y)+(-4-4)=3y-8$

(3)$(2x-3)-(3x-7)=2x-3-3x+7$

　　$=(2x-3x)+(-3+7)=-x+4$

(4)$5y-3-(-5y+6)=5y-3+5y-6$

　　$=(5y+5y)+(-3-6)=10y-9$

5 (1)1 次の項どうし，数の項どうしを縦に加える。

$$
\begin{array}{r}
3a+5 \\
+\,)\ 2a-7 \\
\hline
5a-2
\end{array}
$$

(2)ひき算のときはひく数の符号を逆にして加える。

$$
\begin{array}{r}
-x+1 \\
-\,)\ -4x+7
\end{array}
\quad\rightarrow\quad
\begin{array}{r}
-x+1 \\
+\,)\ 4x-7 \\
\hline
3x-6
\end{array}
$$

6 (1)分配法則を使って計算する。

　　$5(2x+3)=5\times 2x+5\times 3=10x+15$

(2)$(4a-1)\times 6=4a\times 6+(-1)\times 6=24a-6$

(3)$(5a-10)\div 5=\dfrac{5a-10}{5}=\dfrac{5a}{5}-\dfrac{10}{5}=a-2$

　　別解 除法を乗法になおして，分配法則を利用する。

　　$(5a-10)\div 5=(5a-10)\times\dfrac{1}{5}=5a\times\dfrac{1}{5}+(-10)\times\dfrac{1}{5}$

　　$=a-2$

(4)$(6y+9)\div(-3)=\dfrac{6y+9}{-3}=-\dfrac{6y}{3}-\dfrac{9}{3}=-2y-3$

(5)$\dfrac{1}{8}(8x+24)=\dfrac{8x+24}{8}=\dfrac{8x}{8}+\dfrac{24}{8}=x+3$

(6)$\dfrac{2x-1}{3}\times 6=(2x-1)\times 2=4x-2$

7 (1)$2(3x+1)+3(-x-4)$

　　$=6x+2-3x-12=(6x-3x)+(2-12)=3x-10$

(2)$3(2a-3)-2(4a-5)=6a-9-8a+10$

　　$=(6a-8a)+(-9+10)=-2a+1$

1 (1) $7a-8$　(2) $4a-10$　(3) $\dfrac{1}{2}x+\dfrac{1}{2}$

　　(4) $-\dfrac{11}{24}b-\dfrac{5}{12}$　(5) $2y+1.4$　(6) $-2.1x+4.3$

2 (1) $-x-6$　(2) $7a-1$　(3) $60a+4$　(4) $13x+1$

　　(5) $5a-7$　(6) $-5b-1$　(7) $y-6$　(8) $-2x-6$

3 (1) $3a+3$　(2) $-4b+6$　(3) $10a-2$　(4) $6x-4$

　　(5) $\dfrac{5a-3}{2}\left(\text{または}\ \dfrac{5}{2}a-\dfrac{3}{2}\right)$

　　(6) $\dfrac{4y-8}{3}\left(\text{または}\ \dfrac{4}{3}y-\dfrac{8}{3}\right)$

4 (1) $16x-18$　(2) $-3x+10$　(3) $-\dfrac{1}{2}x+\dfrac{4}{15}$

　　(4) $-\dfrac{1}{4}x-\dfrac{1}{16}$　(5) $-3a+8$　(6) $-4y+1$

5 (1) (順に) $x+1$,　$x+2$,　3,　4,　$x-1$

　　(2) (順に) $3x-2$,　$x-3$,　2,　6,　$-x-4$

6 (1) $\dfrac{7x-2}{6}$　(2) $\dfrac{5x-11}{6}$　(3) $\dfrac{7x+13}{12}$　(4) $\dfrac{3x}{8}$

　　(5) $\dfrac{5x-3}{14}$　(6) $\dfrac{x+1}{2}$

解き方

1 (1) $5a+2a-8=7a-8$

(2) $-3+8a-7-4a=8a-4a-3-7=4a-10$

(3) $-\dfrac{1}{4}x+\dfrac{1}{2}+\dfrac{3}{4}x=-\dfrac{1}{4}x+\dfrac{3}{4}x+\dfrac{1}{2}=\dfrac{2}{4}x+\dfrac{1}{2}$

$\quad=\dfrac{1}{2}x+\dfrac{1}{2}$

(4) $\dfrac{1}{6}b-\dfrac{2}{3}-\dfrac{5}{8}b+\dfrac{1}{4}=\dfrac{1}{6}b-\dfrac{5}{8}b-\dfrac{2}{3}+\dfrac{1}{4}$

$\quad=\dfrac{4}{24}b-\dfrac{15}{24}b-\dfrac{8}{12}+\dfrac{3}{12}=-\dfrac{11}{24}b-\dfrac{5}{12}$

(5) $1.4+0.2y+1.8y=0.2y+1.8y+1.4=2y+1.4$

(6) $-2.5x-3.2+0.4x+7.5$

$\quad=-2.5x+0.4x-3.2+7.5=-2.1x+4.3$

2 (1) $2x-5-(3x+1)=2x-5-3x-1=-x-6$

(2) $2(2a+1)+3(a-1)=4a+2+3a-3=7a-1$

(3) $8(7a+5)-4(9-a)=56a+40-36+4a$

$\quad=60a+4$

(4) $3(5x-1)-2(x-2)=15x-3-2x+4$

$\quad=13x+1$

(5) $4(2a-3)-(3a-5)=8a-12-3a+5$

$\quad=5a-7$

(6) $-4(2b+4)-3(-b-5)$

$\quad=-8b-16+3b+15=-5b-1$

(7) $\dfrac{1}{2}(4y-6)-\dfrac{1}{3}(3y+9)=2y-3-y-3=y-6$

(8) $\dfrac{2}{5}(10x+5)+\dfrac{2}{3}(-9x-12)$

$\quad=4x+2-6x-8=-2x-6$

3 (1) $6\times\dfrac{a+1}{2}=3(a+1)=3a+3$

(2) $(-8)\times\dfrac{2b-3}{4}=-2(2b-3)=-4b+6$

(3) $\dfrac{5a-1}{3}\times6=(5a-1)\times2=10a-2$

(4) $\dfrac{-3x+2}{5}\times(-10)=(-3x+2)\times(-2)$

$\quad=6x-4$

(5) $(15a-9)\div6=\dfrac{15a-9}{6}=\dfrac{5a-3}{2}$

(6) $(-12y+24)\div(-9)=\dfrac{-12y+24}{-9}=\dfrac{4y-8}{3}$

4 (1) $\left(\dfrac{2x}{3}-\dfrac{3}{4}\right)\times24=\dfrac{2x}{3}\times24-\dfrac{3}{4}\times24=16x-18$

(2) $\left(\dfrac{x}{4}-\dfrac{5}{6}\right)\times(-12)=\dfrac{x}{4}\times(-12)-\dfrac{5}{6}\times(-12)$

$\quad=-3x-(-10)=-3x+10$

(3) $\left(-\dfrac{2}{3}\right)\times\left(\dfrac{3}{4}x-\dfrac{2}{5}\right)=\left(-\dfrac{2}{3}\right)\times\dfrac{3}{4}x-\left(-\dfrac{2}{3}\right)\times\dfrac{2}{5}$

$\quad=-\dfrac{1}{2}x-\left(-\dfrac{4}{15}\right)=-\dfrac{1}{2}x+\dfrac{4}{15}$

(4) $\dfrac{3}{8}\times\left(-\dfrac{2}{3}x-\dfrac{1}{6}\right)=\dfrac{3}{8}\times\left(-\dfrac{2}{3}x\right)-\dfrac{3}{8}\times\dfrac{1}{6}$

$\quad=-\dfrac{1}{4}x-\dfrac{1}{16}$

(5) $\left(-\dfrac{a}{4}+\dfrac{2}{3}\right)\div\dfrac{1}{12}=\left(-\dfrac{a}{4}+\dfrac{2}{3}\right)\times12$

$\quad=-\dfrac{a}{4}\times12+\dfrac{2}{3}\times12=-3a+8$

(6) $\left(\dfrac{2}{3}y-\dfrac{1}{6}\right)\div\left(-\dfrac{1}{6}\right)=\left(\dfrac{2}{3}y-\dfrac{1}{6}\right)\times(-6)$

$\quad=\dfrac{2}{3}y\times(-6)-\dfrac{1}{6}\times(-6)=-4y+1$

6 (1) $\dfrac{x}{2}+\dfrac{2x-1}{3}=\dfrac{3x+2(2x-1)}{6}=\dfrac{3x+4x-2}{6}$

$\quad=\dfrac{7x-2}{6}$

(2) $\dfrac{4x-1}{3}-\dfrac{x+3}{2}=\dfrac{2(4x-1)-3(x+3)}{6}$

$\quad=\dfrac{8x-2-3x-9}{6}=\dfrac{5x-11}{6}$

(3) $\dfrac{5x+3}{4}-\dfrac{2x-1}{3}=\dfrac{3(5x+3)-4(2x-1)}{12}$

$\quad=\dfrac{15x+9-8x+4}{12}=\dfrac{7x+13}{12}$

$(4)\ \dfrac{1}{4}(5x-3)-\dfrac{1}{8}(7x-6)=\dfrac{5x-3}{4}-\dfrac{7x-6}{8}$

$\qquad =\dfrac{2(5x-3)-(7x-6)}{8}=\dfrac{10x-6-7x+6}{8}=\dfrac{3x}{8}$

$(5)\ \dfrac{1}{7}(6x-5)-\dfrac{1}{2}(x-1)=\dfrac{6x-5}{7}-\dfrac{x-1}{2}$

$\qquad =\dfrac{2(6x-5)-7(x-1)}{14}=\dfrac{12x-10-7x+7}{14}$

$\qquad =\dfrac{5x-3}{14}$

$(6)\ 2x+1-\dfrac{3x+1}{2}=\dfrac{2(2x+1)-(3x+1)}{2}$

$\qquad =\dfrac{4x+2-3x-1}{2}=\dfrac{x+1}{2}$

9 文字式の利用

| Step 1 | 解答 | p.28〜p.29 |

1 (1) 4　(2) -7　(3) 0　(4) -5　(5) 4
　　(6) -2　(7) 4　(8) -8

2 (1) -5　(2) 15　(3) -2.6　(4) 6
　　(5) $\dfrac{3}{2}$　(6) 63

3 (1) $2x-5=13$　(2) $2a+450=2150$

4 (1) $3x+4>15$　(2) $6a>50$　(3) $x+2y\leqq20$

5 (1) 9 本　(2) 13 本　(3) $(2n+1)$ 本

解き方

1 (1) $2+2=4$

(2) $-2-5=-7$

(3) $2\times2-4=4-4=0$

(4) $-3\times2+1=-6+1=-5$

(5) $\dfrac{1}{2}\times2+3=1+3=4$

(6) $-\dfrac{1}{4}\times2-\dfrac{3}{2}=-\dfrac{1}{2}-\dfrac{3}{2}=-2$

(7) $2^2=4$

(8) $-2^3=-8$

2 (1) $4\times(-3)+7=-12+7=-5$

(2) $9-2\times(-3)=9+6=15$

(3) $0.3\times(-3)-1.7=-0.9-1.7=-2.6$

(4) $-\dfrac{4}{3}\times(-3)+2=4+2=6$

(5) $\dfrac{-3}{6}-\dfrac{6}{-3}=-\dfrac{1}{2}-(-2)=-\dfrac{1}{2}+2=\dfrac{3}{2}$

(6) $4\times(-3)^2-(-3)^3=4\times9-(-27)=36+27=63$

3 (1) $x\times2-5=13$　$2x-5=13$

(2) $a\times2+150\times3=2150$　$2a+450=2150$

4 (1) $x\times3+4>15$　$3x+4>15$

(2) a 人の子どもに 6 枚ずつ配ると足りないということは，配ろうとした枚数は 50 枚より多いということになる。

$6\times a>50$　$6a>50$

(3) $x+2\times y\leqq20$　$x+2y\leqq20$

5 (1) 正三角形の個数とマッチ棒の本数の関係は，以下の表のようになる。

正三角形（個）	1	2	3
マッチ棒（本）	3	5	7

正三角形の 1 個目の 3 本から，2 本ずつ増えている。よって，正三角形を 4 個つくるには，

$7+2=9$（本）必要になる。

(2) 正三角形を 6 個つくるには，はじめの 3 本から 2 本ずつ $6-1=5$（回）増えているので，

$3+2\times5=13$（本）必要になる。

(3) (2)より，n 個の正三角形をつくるには，はじめの 3 本から 2 本ずつ $(n-1)$ 回増える。

よって，$3+(n-1)\times2=3+2n-2=2n+1$（本）

| Step 3 ① | 解答 | p.30〜p.31 |

1 (1) $3\times a\times a\times a\times b\times b$

(2) $(2\times a-5)\div(b+4)$

(3) $-4\times x+(y-6)\div x\div x$

(4) $y\times y\times y\div(x+y)-5\div y$

2 (1) $(2000-5a-2b-2c)$ 円

(2) $\dfrac{8a+7b}{15}$ 点　(3) $\dfrac{5x}{x-50}$ %

3 (1) $(\pi r+2r)$ cm　(2) $\dfrac{500-a}{a}$　(3) $\dfrac{100x}{y-100}$ 分後

4 (1) $\dfrac{1200}{x}+\dfrac{1200}{y}=44$　(2) $2a+3b\leqq2000$

5 (1) $-x+16$　(2) $-a-2.2$　(3) $\dfrac{-21y-28}{6}$

(4) $-11b-8$　(5) $23x$　(6) $\dfrac{6x+13}{12}$

6 (1) $(0.97a+1.07b)$ m³

(2) ア…$a+1$，イ…$-3a+1$，ウ…$-2a+1$

解き方

2 (1) $2000-a\times5-b\times2-c\times2$

$\qquad =2000-5a-2b-2c$（円）

(2) (男子の合計点＋女子の合計点)÷全体の人数
　で求められる。

$(a \times 16 + b \times 14) \div (16 + 14) = (16a + 14b) \div 30$

$= \dfrac{16a + 14b}{30} = \dfrac{8a + 7b}{15}$ （点）

(3) 蒸発しても食塩の量は変わらないので，濃度は，
　はじめの食塩の量÷(はじめの食塩水の量－蒸発
　した水の量)×100 で求められる。

$\dfrac{5}{100} \times x \div (x - 50) \times 100 = 5x \div (x - 50) = \dfrac{5x}{x - 50}$ （％）

3 (1) 半円の周りの長さは，円周÷2＋半径×2 で求め
　られる。

$2\pi r \div 2 + r \times 2 = \pi r + 2r$ （cm）

(2) 仕入れ値に対する利益の割合は，利益÷仕入れ
　値 で求められる。
　利益は 売値－仕入れ値 になるので，

$(500 - a) \div a = \dfrac{500 - a}{a}$

(3) 追いつくまでの時間は，
　兄と弟の間の道のり÷兄と弟の速さの差
　で求められる。
　弟が先に進んだ道のりが，兄と弟の間の道のり
　になるので，

$100 \times x \div (y - 100) = 100x \div (y - 100)$

$= \dfrac{100x}{y - 100}$ （分後）

4 (1) $1200 \div x + 1200 \div y = 44$

$\dfrac{1200}{x} + \dfrac{1200}{y} = 44$

(2) $a \times 2 + b \times 3 \leqq 2000$　　$2a + 3b \leqq 2000$

5 (1) $4(x + 3) - (5x - 4) = 4x + 12 - 5x + 4 = -x + 16$

(2) $0.2(a + 7) + 0.6(-2a - 6) = 0.2a + 1.4 - 1.2a - 3.6$
　　$= -a - 2.2$

(3) $-\dfrac{4}{3}(2y + 6) + \dfrac{5}{6}(-y + 4) = \dfrac{-4(2y + 6)}{3} + \dfrac{5(-y + 4)}{6}$

$= \dfrac{-8(2y + 6) + 5(-y + 4)}{6} = \dfrac{-16y - 48 - 5y + 20}{6}$

$= \dfrac{-21y - 28}{6}$

(4) $8\left(\dfrac{1}{2}b - \dfrac{5}{4}\right) + 6\left(-\dfrac{5}{2}b + \dfrac{1}{3}\right) = 4b - 10 - 15b + 2$
　　$= -11b - 8$

(5) $2.3x$ にそろえて，分配法則を使う。
　　$23x \times 0.4 + 2.3x \times 8 - 230x \times 0.02$
　　$= 2.3x \times 4 + 2.3x \times 8 - 2.3x \times 2 = 2.3x \times (4 + 8 - 2)$
　　$= 2.3x \times 10 = 23x$

$a \times b$ の a を $\dfrac{1}{10}$ にしたとき，b を10倍すれば
値は変わらない。

(6) $-\dfrac{x - 5}{4} + \dfrac{2x + 1}{6} - \dfrac{-5x + 4}{12}$

$= \dfrac{-3(x - 5) + 2(2x + 1) - (-5x + 4)}{12}$

$= \dfrac{-3x + 15 + 4x + 2 + 5x - 4}{12} = \dfrac{6x + 13}{12}$

6 (1) $(1 - 0.03) \times a + (1 + 0.07) \times b = 0.97a + 1.07b$ （m³)

(2) 3つの式の和は，$-4a + 1 + 1 + 4a + 1 = 3$
　ア$= 3 - (-4a + 1 + 3a + 1) = 3 - (-a + 2) = 3 + a - 2$
　　$= a + 1$
　イ$= 3 - \{4a + 1 + (-a + 1)\} = 3 - (4a + 1 - a + 1)$
　　$= 3 - (3a + 2) = 3 - 3a - 2 = -3a + 1$
　ウ$= 3 - \{3a + 1 + (-a + 1)\} = 3 - (3a + 1 - a + 1)$
　　$= 3 - (2a + 2) = 3 - 2a - 2 = -2a + 1$

Step 3 ②　解答　　　　　　　　p.32〜p.33

1 (1) $\dfrac{ad}{bc}$　　(2) $\dfrac{x - y}{3x}$

2 (1) 7　　(2) 6　　(3) 4　　(4) 10

3 (1) $(-6a + 200)$ cm　　(2) $\dfrac{3a}{a + b} \leqq 2$

4 ① ア　② エ

5 ア，ウ

6 (1) $\dfrac{a + 1}{8}$ 時間　　(2) $5m + n - 5$

　　(3) $(20a + 50)$ cm²

7 (1) 42 cm　　(2) $(8n + 2)$ cm

解き方

1 (1) $a \div b \div c \times d = \dfrac{a \times d}{b \times c} = \dfrac{ad}{bc}$

(2) $(x - y) \div 3 \div x = \dfrac{x - y}{3 \times x} = \dfrac{x - y}{3x}$

2 (1) $5 \times 2 - 3 = 10 - 3 = 7$

(2) $\dfrac{24}{(-2)^2} = \dfrac{24}{4} = 6$

(3) $3^2 - 2 \times 3 + 1 = 9 - 6 + 1 = 4$

(4) $(-3)^2 - \dfrac{1}{3} \times (-3) = 9 + 1 = 10$

3 (1) 横の長さは，正方形の1辺の長さ4個分よりも，
　重なっている $a \times 3 = 3a$ (cm) 分短くなる。長方
　形の周の長さは，(縦＋横)×2 で求められるので，

$\{20+(20\times4-3a)\}\times2=\{20+(80-3a)\}\times2$

$=(20+80-3a)\times2=(-3a+100)\times2$

$=-6a+200$ (cm)

(2) $\dfrac{3}{100}\times a\div(a+b)\times100\leqq2$

$\dfrac{3a}{a+b}\leqq2$

5 **ア** $10\times a+1\times b=10a+b$ (円)

イ $10+a+b$ (cm)

ウ $a\times10+b\times1=10a+b$ (円)

エ $a\times10+10\times b=10a+10b$ (cm²)

よって，**ア**と**ウ**があてはまる。

6 (1) 15 分 $=\dfrac{15}{60}$時間 $=\dfrac{1}{4}$時間 となる。

歩いた道のりは，$4\times\dfrac{1}{4}=1$ (km) なので，走った

道のりは，$a-1$ (km)

$\dfrac{1}{4}+(a-1)\div8=\dfrac{1}{4}+\dfrac{a-1}{8}=\dfrac{2+a-1}{8}=\dfrac{a+1}{8}$ (時間)

(2) 縦に数の列を見ると，5 ずつ増えている。上から m 番目で左から n 番目は，n から $(m-1)$ 回ずつ 5 が増えるので，

$n+5\times(m-1)=5m+n-5$

(3) 正四角柱の表面積は，底面×2+側面積，正四角柱の側面積は，底面の周りの長さ×高さ で求められる。

$5\times5\times2+5\times4\times a=20a+50$ (cm²)

7 (1) はじめの 10 cm から，のりしろをひいた 8 cm ずつ増えるから，リボンを 5 本つなげたときの全体の長さは，

$10+8\times(5-1)=10+32=42$ (cm)

(2) リボンを n 本つなげたときの全体の長さは，

$10+8\times(n-1)=10+8n-8=8n+2$ (cm)

---

10 1次方程式の解き方

> **Step 1 解答** p.34 ～ p.35
>
> **1** (1)○ (2)× (3)× (4)○ (5)○ (6)○
> **2** (1)× (2)○ (3)× (4)× (5)○ (6)×
> **3** (1) $x=4$ (2) $x=14$ (3) $x=0$ (4) $x=14$
> (5) $x=2$ (6) $x=2.4$
> **4** (1) $x=-6$ (2) $x=5$ (3) $x=3$ (4) $x=-6$
> (5) $x=24$ (6) $x=24$ (7) $x=-7$ (8) $x=-5$
> **5** (1) $x=3$ (2) $x=4$ (3) $x=-3$ (4) $x=-3$
> (5) $x=-20$ (6) $x=\dfrac{9}{2}$

解き方

1 それぞれの式に $x=4$ を代入する。

(1) $2\times4=8$

(2) $-4\times4=-16$

(3) $4-5=-1$

(4) $-4+12=8$

(5) $-\dfrac{4}{2}=-2$

(6) $6\times4-10=14$

2 それぞれの式に $x=-6$ を代入する。

(1) $3\times(-6)=-18$

(2) $-5\times(-6)=30$

(3) $-6+4=-2$

(4) $-(-6)-5=6-5=1$

(5) $\dfrac{-6}{3}=-2$

(6) $2\times(-6)-3=-12-3=-15$

3 左辺に x，右辺に数だけが残るように，等式の性質を使う。

(1) $x+5=9$

$x+5-5=9-5$

$x=4$

(2) $x-6=8$

$x-6+6=8+6$

$x=14$

(3) $7+x=7$

$7+x-7=7-7$

$x=0$

(4) $-3+x=11$

$-3+x+3=11+3$

$x=14$

(5) $x+\dfrac{1}{4}=\dfrac{9}{4}$

$x+\dfrac{1}{4}-\dfrac{1}{4}=\dfrac{9}{4}-\dfrac{1}{4}$

$x=2$

(6) $x-1.8=0.6$

$x-1.8+1.8=0.6+1.8$

$x=2.4$

4 (1) $\quad -x=6$　　(2) $\quad 2x=10$
$\quad -x\div(-1)=6\div(-1)\quad 2x\div2=10\div2$
$\qquad\qquad x=-6\qquad\qquad\quad x=5$

🚨 **ここに注意**

(1)は両辺に -1 をかけてもよい。

(2)は両辺に 2 の逆数 $\dfrac{1}{2}$ をかけているともいえる。

(3) $\quad -4x=-12$　　(4) $\quad \dfrac{x}{2}=-3$
$\quad -4x\div(-4)=-12\div(-4)$
$\qquad\qquad x=3\qquad\qquad\quad \dfrac{x}{2}\times2=-3\times2$
$\qquad\qquad\qquad\qquad\qquad\qquad x=-6$

(5) $\quad \dfrac{x}{6}=4$　　　(6) $\quad -\dfrac{x}{4}=-6$

$\quad \dfrac{x}{6}\times6=4\times6\qquad -\dfrac{x}{4}\times(-4)=-6\times(-4)$

$\qquad\quad x=24\qquad\qquad\qquad x=24$

(7) $\quad 0.1x=-0.7$　　(8) $\quad -0.6x=3$

$\quad 0.1x\times10=-0.7\times10\quad -0.6x\div(-0.6)=3\div(-0.6)$

$\qquad\quad x=-7\qquad\qquad\qquad x=-5$

5 (1) $\quad -x+5=2$　　(2) $\quad 3x-5=7$
$\quad -x+5-5=2-5\qquad 3x-5+5=7+5$
$\qquad\quad -x=-3\qquad\qquad\quad 3x=12$
$\quad -x\div(-1)=-3\div(-1)\quad 3x\div3=12\div3$
$\qquad\qquad x=3\qquad\qquad\qquad x=4$

(3) $\quad -5x-4=11$　　(4) $\quad 0.5x+0.2=-1.3$
$\quad -5x-4+4=11+4\qquad 0.5x+0.2-0.2=-1.3-0.2$
$\qquad -5x=15\qquad\qquad\qquad 0.5x=-1.5$
$\quad -5x\div(-5)=15\div(-5)\quad 0.5x\div0.5=-1.5\div0.5$
$\qquad\qquad x=-3\qquad\qquad\qquad x=-3$

(5) $\quad \dfrac{3}{5}x+2=-10$　　(6) $\quad \dfrac{1}{4}x-\dfrac{1}{2}=\dfrac{5}{8}$

$\quad \dfrac{3}{5}x+2-2=-10-2\qquad \dfrac{1}{4}x-\dfrac{1}{2}+\dfrac{1}{2}=\dfrac{5}{8}+\dfrac{1}{2}$

$\qquad\quad \dfrac{3}{5}x=-12\qquad\qquad\qquad \dfrac{1}{4}x=\dfrac{9}{8}$

$\quad \dfrac{3}{5}x\times\dfrac{5}{3}=-12\times\dfrac{5}{3}\qquad \dfrac{1}{4}x\times4=\dfrac{9}{8}\times4$

$\qquad\quad x=-20\qquad\qquad\qquad x=\dfrac{9}{2}$

11　いろいろな1次方程式

Step 1　解答　　　　　　　　p.36 ～ p.37

1 (1) $x=1$　(2) $x=7$　(3) $x=5$　(4) $x=6$
(5) $x=-3$　(6) $x=6$　(7) $x=4$　(8) $x=-4$
(9) $x=-4$　(10) $x=2$　(11) $x=2$　(12) $x=6$
(13) $x=4$　(14) $x=6$

2 (1) $x=2$　(2) $x=6$　(3) $x=-\dfrac{3}{2}$　(4) $x=6$
(5) $x=2$　(6) $x=-3$

3 (1) $x=-3$　(2) $x=-4$　(3) $x=2$　(4) $x=-5$
(5) $x=-36$　(6) $x=-2$　(7) $x=-30$
(8) $x=-40$

4 (1) $x=9$　(2) $x=6$　(3) $x=\dfrac{20}{3}$　(4) $x=\dfrac{6}{7}$
(5) $x=6$　(6) $x=1$

解き方

1 (1) $x+5=6$　　　　(2) $x-4=3$
$\quad x=6-5\qquad\qquad x=3+4$
$\quad x=1\qquad\qquad\quad x=7$
(3) $x+4=9$　　　　(4) $x-8=-2$
$\quad x=9-4\qquad\qquad x=-2+8$
$\quad x=5\qquad\qquad\quad x=6$
(5) $3x+4=-5$　　　(6) $-2x-6=-18$
$\quad 3x=-5-4\qquad\quad -2x=-18+6$
$\quad 3x=-9\qquad\qquad -2x=-12$
$\quad x=-3\qquad\qquad\quad x=6$
(7) $\quad x=4x-12$　　(8) $\quad -5x=-3x+8$
$\quad x-4x=-12\qquad -5x+3x=8$
$\quad -3x=-12\qquad\quad -2x=8$
$\quad x=4\qquad\qquad\quad x=-4$
(9) $2x+8=x+4$　　(10) $3x-4=-2x+6$
$\quad 2x-x=4-8\qquad 3x+2x=6+4$
$\quad x=-4\qquad\qquad 5x=10$
$\qquad\qquad\qquad\qquad x=2$
(11) $-3x+7=2x-3$　(12) $x-8=-2x+10$
$\quad -3x-2x=-3-7\quad x+2x=10+8$
$\quad -5x=-10\qquad\quad 3x=18$
$\quad x=2\qquad\qquad\quad x=6$
(13) $-6x-4=-8x+4$　(14) $4x+12=9x-18$
$\quad -6x+8x=4+4\qquad 4x-9x=-18-12$
$\quad 2x=8\qquad\qquad\quad -5x=-30$
$\quad x=4\qquad\qquad\qquad x=6$

❷ かっこをふくむ方程式は，かっこをはずしてから解く。

(1) $2(x+6)=16$
$x+6=8$
$x=8-6$
$x=2$

(2) $-3(-2x+4)=24$
$-2x+4=-8$
$-2x=-8-4$
$-2x=-12$
$x=6$

(3) $7x-6=3(x-4)$
$7x-6=3x-12$
$7x-3x=-12+6$
$4x=-6$
$x=-\dfrac{3}{2}$

(4) $4(-2+3x)=10x+4$
$-8+12x=10x+4$
$12x-10x=4+8$
$2x=12$
$x=6$

(5) $2x-3(4-2x)=4$
$2x-12+6x=4$
$2x+6x=4+12$
$8x=16$
$x=2$

(6) $2(3x+7)=-4(x+4)$
$6x+14=-4x-16$
$6x+4x=-16-14$
$10x=-30$
$x=-3$

❸
(1) $0.5x+0.3=-1.2$
両辺を 10 倍して，
$5x+3=-12$
$5x=-12-3$
$5x=-15$
$x=-3$

(2) $0.3x+0.8=-0.4$
両辺を 10 倍して，
$3x+8=-4$
$3x=-4-8$
$3x=-12$
$x=-4$

(3) $0.2x-0.32=0.04x$
両辺を 100 倍して，
$20x-32=4x$
$20x-4x=32$
$16x=32$
$x=2$

(4) $0.9x+2=-2.5$
両辺を 10 倍して，
$9x+20=-25$
$9x=-25-20$
$9x=-45$
$x=-5$

(5) $\dfrac{1}{4}x+1=-8$
両辺を 4 倍して，
$x+4=-32$
$x=-32-4$
$x=-36$

(6) $\dfrac{-x+10}{6}=-x$
両辺を 6 倍して，
$-x+10=-6x$
$-x+6x=-10$
$5x=-10$
$x=-2$

(7) $\dfrac{1}{2}x-5=\dfrac{2}{3}x$
両辺を 6 倍して，
$3x-30=4x$
$3x-4x=30$
$-x=30$
$x=-30$

(8) $\dfrac{2}{5}x-1=\dfrac{1}{2}x+3$
両辺を 10 倍して，
$4x-10=5x+30$
$4x-5x=30+10$
$-x=40$
$x=-40$

🚨 ここに注意

両辺に数をかけるときは，すべての項にかける。次のように，整数部分にかけ忘れるミスが多いので注意しよう。

(8) $\dfrac{2}{5}x\times10-1=\dfrac{1}{2}x\times10+3$
~~$4x-1=5x+3$~~

---

❹ 比例式の性質を利用して解く。

(1) $x:6=3:2$
$x\times2=6\times3$
$2x=18$
$x=9$

(2) $8:1=4x:3$
$1\times4x=8\times3$
$4x=24$
$x=6$

(3) $4:x=3:5$
$4\times5=x\times3$
$20=3x$
$3x=20$
$x=\dfrac{20}{3}$

(4) $2x:6=2:7$
$2x\times7=6\times2$
$14x=12$
$x=\dfrac{6}{7}$

(5) $\dfrac{1}{3}:\dfrac{1}{4}=8:x$
$\dfrac{1}{3}\times x=\dfrac{1}{4}\times8$
$\dfrac{1}{3}x=2$
$x=6$

(6) $0.25:x=0.2:0.8$
$x\times0.2=0.25\times0.8$
$0.2x=0.2$
$x=1$

別解 (6) $0.2:0.8=2:8=1:4$ だから，
$0.25:x=1:4$ としてから，比例式の性質を利用してもよい。

Step 2	解答	p.38〜p.39

❶ (1) $x=7$ (2) $x=-2$ (3) $x=2$ (4) $x=2$
(5) $x=2$ (6) $x=-3$ (7) $x=-\dfrac{1}{4}$
(8) $x=-\dfrac{8}{3}$ (9) $x=6$

❷ (1) $x=-3$ (2) $x=3$ (3) $x=4$ (4) $x=5$
(5) $x=-2$ (6) $x=5$

❸ (1) $x=5$ (2) $x=-3$ (3) $x=-5$ (4) $x=5$

❹ (1) $x=15$ (2) $x=1$ (3) $x=-\dfrac{5}{3}$ (4) $x=-\dfrac{14}{27}$
(5) $x=\dfrac{10}{3}$ (6) $x=-2$ (7) $x=4$ (8) $x=11$

❺ (1) $x=3$ (2) $x=\dfrac{32}{9}$ (3) $x=\dfrac{16}{9}$ (4) $x=\dfrac{25}{14}$

❻ (1) $a=7$ (2) $a=-2$

1 (1) $x+6=3x-8$
$-2x=-14$
$x=7$

(2) $2x-6=5x$
$-3x=6$
$x=-2$

(3) $4x-10=-5x+8$
$9x=18$
$x=2$

(4) $5-6x=2x-11$
$-8x=-16$
$x=2$

(5) $-3x+4=2x-6$
$-5x=-10$
$x=2$

(6) $-4x-10=5x+17$
$-9x=27$
$x=-3$

(7) $6+8x=4x+5$
$4x=-1$
$x=-\dfrac{1}{4}$

(8) $-9-x=15+8x$
$-9x=24$
$x=-\dfrac{8}{3}$

(9) $2x+10-8x=-10-3x+2$
$-3x=-18$
$x=6$

2 (1) $2(x+5)=4$
$x+5=2$
$x=-3$

(2) $3(-x+4)=x$
$-3x+12=x$
$-4x=-12$
$x=3$

(3) $-2(x-4)=3(2x-8)$
$-2x+8=6x-24$
$-8x=-32$
$x=4$

(4) $4(-x+4)=-2(-x+7)$
$-4x+16=2x-14$
$-6x=-30$
$x=5$

(5) $-(x+1)+2(4x-6)=3(2x-5)$
$-x-1+8x-12=6x-15$
$x=-2$

(6) $-4(2x-5)=5(-x+3)-2(3x-10)$
$-8x+20=-5x+15-6x+20$
$3x=15$
$x=5$

3 (1) $0.5x+0.3=0.2x+1.8$
$5x+3=2x+18$
$3x=15$
$x=5$

(2) $-0.3x+1.4=0.4x+3.5$
$-3x+14=4x+35$
$-7x=21$
$x=-3$

(3) $0.04x+0.24=-0.08x-0.36$
$4x+24=-8x-36$
$12x=-60$
$x=-5$

(4) $-0.02x-0.1=0.06x-0.5$
$-2x-10=6x-50$
$-8x=-40$
$x=5$

4 (1) $\dfrac{x}{3}+1=\dfrac{2}{3}x-4$
$x+3=2x-12$
$-x=-15$
$x=15$

(2) $-\dfrac{x}{2}+\dfrac{1}{2}=\dfrac{2}{3}x-\dfrac{2}{3}$
$-3x+3=4x-4$
$-7x=-7$
$x=1$

(3) $\dfrac{x}{4}-\dfrac{3}{8}=\dfrac{5}{8}x+\dfrac{1}{4}$
$2x-3=5x+2$
$-3x=5$
$x=-\dfrac{5}{3}$

(4) $\dfrac{3}{2}x+\dfrac{4}{3}=-\dfrac{3}{4}x+\dfrac{1}{6}$
$18x+16=-9x+2$
$27x=-14$
$x=-\dfrac{14}{27}$

(5) $\dfrac{-x+5}{5}=\dfrac{x-2}{4}$
$4(-x+5)=5(x-2)$
$-4x+20=5x-10$
$-9x=-30$
$x=\dfrac{10}{3}$

(6) $\dfrac{3x+4}{6}=\dfrac{-2x-7}{9}$
$3(3x+4)=2(-2x-7)$
$9x+12=-4x-14$
$13x=-26$
$x=-2$

(7) $\dfrac{3x-7}{2}+\dfrac{2x+1}{3}=\dfrac{5x+2}{4}$
$6(3x-7)+4(2x+1)=3(5x+2)$
$18x-42+8x+4=15x+6$
$11x=44$
$x=4$

(8) $\dfrac{-x+4}{3}-\dfrac{3x-5}{8}=\dfrac{-4x+9}{6}$
$8(-x+4)-3(3x-5)=4(-4x+9)$
$-8x+32-9x+15=-16x+36$
$-x=-11$
$x=11$

5 (1) $2:5=(x+1):10$
$5(x+1)=20$
$5x+5=20$
$5x=15$
$x=3$

(2) $4:(3x-2)=6:13$
$6(3x-2)=52$
$18x-12=52$
$18x=64$
$x=\dfrac{32}{9}$

(3) $\dfrac{2}{3}:3x=\dfrac{1}{4}:2$
$\dfrac{3}{4}x=\dfrac{4}{3}$
$x=\dfrac{16}{9}$

(4) $\dfrac{2}{7}:\dfrac{x}{5}=\dfrac{1}{2}:\dfrac{5}{8}$
$\dfrac{x}{10}=\dfrac{5}{28}$
$x=\dfrac{25}{14}$

6 (1) $ax-4=5x+2$ に $x=3$ を代入すると，

$3a-4=5\times3+2$

$3a-4=17$

a についての方程式を解くと，

$3a=21$　$a=7$

(2) $2ax-4=-ax+8$ に $x=-2$ を代入すると，

$2a\times(-2)-4=-a\times(-2)+8$

$-4a-4=2a+8$

a についての方程式を解くと，

$-6a=12$　$a=-2$

12　1次方程式の利用

Step 1　解答　　　　　　　　p.40〜p.41

1 (1) ① $90x$　② $12-x$　③ $150(12-x)$

(2) $90x+150(12-x)=1500$

(3) オレンジ…5個，りんご…7個

2 (1) $x+(x+1)+(x+2)=39$

(2) $(x-1)+x+(x+1)=39$

(3) 12，13，14

3 (1) ① $x+3$　② $60(x+3)$　③ $75x$

(2) $60(x+3)=75x$

(3) 12分後

4 (1) 方程式… $5x-7=4x+8$

子どもの人数…15人，折り紙…68枚

(2) 方程式… $\dfrac{x+7}{5}=\dfrac{x-8}{4}$

子どもの人数…15人，折り紙…68枚

5 (1) $x+(2x-500)=2500$

(2) 姉…1500円，妹…1000円

解き方

1 (1) ①，③は 1個の値段×個数＝代金 で求める。

(2) オレンジの代金＋りんごの代金＝代金の合計 の等式が成り立つ。

(3) $90x+150(12-x)=1500$

$90x+1800-150x=1500$　$-60x=-300$　$x=5$

よって，オレンジの個数は5個。

りんごの個数は $(12-x)$ 個なので，

$12-5=7$（個）

2 (1) 最も小さい数を x とすると，

他の数は $x+1$，$x+2$ になるので，

$x+(x+1)+(x+2)=39$

(2) 真ん中の数を x とすると，

他の数は $x-1$，$x+1$ になるので，

$(x-1)+x+(x+1)=39$

(3) (1)より，$x+(x+1)+(x+2)=39$　$3x+3=39$

$3x=36$　$x=12$

よって，12，13，14。

別解 (2)より，$(x-1)+x+(x+1)=39$

$3x=39$　$x=13$

よって，12，13，14。

3 (1) ②，③は 道のり＝速さ×時間 で求める。

(2) 兄が弟に追いつくとき，

弟が進んだ道のり ＝ 兄が進んだ道のり

の等式が成り立つ。

(3) $60(x+3)=75x$　$60x+180=75x$　$-15x=-180$

$x=12$

よって，追いつくのは12分後。

4 (1) 子どもの人数を x 人として，折り紙の枚数についての方程式をつくる。

$5x-7=4x+8$　$x=15$

よって，子どもの人数は15人。

折り紙の枚数は $(5x-7)$ 枚より，

$5\times15-7=68$（枚）

(2) 折り紙の枚数を x 枚として，子どもの人数についての方程式をつくる。

$\dfrac{x+7}{5}=\dfrac{x-8}{4}$　$4(x+7)=5(x-8)$

$4x+28=5x-40$　$-x=-68$　$x=68$

よって，折り紙の枚数は68枚。

子どもの人数は $\dfrac{x+7}{5}$ 人より，

$\dfrac{68+7}{5}=\dfrac{75}{5}=15$（人）

5 (1) 姉がもらった金額は，$2x-500$（円）

妹がもらった金額＋姉がもらった金額＝2500円

だから，$x+(2x-500)=2500$

(2) $x+(2x-500)=2500$　$3x=3000$　$x=1000$

よって，妹がもらった金額は1000円。

姉がもらった金額は，

$2500-1000=1500$（円）

1 (1) -5　(2) 6　(3) -6

2 15, 16, 17

3 50 円切手…15 枚，84 円切手…8 枚

4 (1) 150 円　(2) 227 本

　(3) 子ども…25 人，お菓子…80 個

5 (1) 分速 100 m　(2) 10 分後

　(3) 3 km　(4) 1.5 km

6 (1) $3\{10x+(x+5)\}-9=10(x+5)+x$

　(2) 27

7 1500 円

　求め方…はじめの弟の所持金を x 円とすると，

　はじめの兄の所持金は $2x$ 円となるので，

　$2x+3000=3(x+500)$

　これを解くと，$x=1500$

　よって，はじめの弟の所持金は 1500 円。

解き方

1 ある数を x として方程式をつくる。

　(1) $(x\times3+7)\times2=-16$　$2(3x+7)=-16$

　　$3x+7=-8$　$3x=-15$　$x=-5$

　(2) $(x+6)\div4=x\div2$　$\dfrac{x+6}{4}=\dfrac{x}{2}$　$x+6=2x$

　　$-x=-6$　$x=6$

　(3) $x\times5-6=x\times8+12$　$5x-6=8x+12$

　　$-3x=18$　$x=-6$

2 連続する 3 つの整数を，x，$x+1$，$x+2$ とすると，

　$x+(x+1)+(x+2)=48$　$3x=45$　$x=15$

　よって，15，16，17。

3 50 円切手の枚数を x 枚とすると，84 円切手の枚数

　は $23-x$（枚）になる。代金についての方程式をつ

　くると，　$50x+84(23-x)=1422$

　$-34x=-510$　$x=15$

　よって，50 円切手の枚数は 15 枚。

　84 円切手の枚数は，$23-15=8$（枚）

4 (1) ノート 1 冊の値段を x 円として，持っているお

　　金についての方程式をつくると，

　　$10x-200=8x+100$　$2x=300$

　　$x=150$

　　よって，ノート 1 冊の値段は 150 円。

　(2) 鉛筆の本数を x 本として，子どもの人数につい

　　ての方程式をつくると，

　　$\dfrac{x+23}{10}=\dfrac{x-2}{9}$　$9(x+23)=10(x-2)$

　　$-x=-227$　$x=227$

　　よって，鉛筆の本数は 227 本。

　　別解　子どもの人数を x 人として，鉛筆の本数

　　についての方程式をつくって求めることもできる。

　　$10x-23=9x+2$　$x=25$

　　よって，子どもの人数は 25 人。

　　鉛筆の本数は $(10x-23)$ 本より，

　　$10\times25-23=250-23=227$（本）

　(3) 子どもの人数を x 人として，お菓子の個数につ

　　いての方程式をつくると，

　　$8x-120=5x-45$　$3x=75$　$x=25$

　　よって，子どもの人数は 25 人。

　　お菓子の個数は $(8x-120)$ 個より，

　　$8\times25-120=200-120=80$（個）

5 (1) 兄の速さを分速 x m とする。反対方向に進んで

　　出会うとき，兄と弟の進んだ道のりの和が池の

　　周りの道のりと等しくなるので，

　　$80\times10+10x=1800$　$10x=1000$　$x=100$

　　よって，兄の速さは分速 100 m。

　(2) 姉が出発してから追いつくまでの時間を x 分と

　　する。姉が妹に追いついたとき，姉と妹の進ん

　　だ道のりは等しいから，

　　$90x=50(x+8)$

　　$40x=400$　$x=10$

　　よって，姉が出発してから 10 分後に追いつく。

　(3) 歩いた道のりを x km とする。また，

　　1 時間 30 分$=\dfrac{3}{2}$ 時間 だから，かかった時間に

　　ついての方程式をつくると，

　　$\dfrac{12-x}{9}+\dfrac{x}{6}=\dfrac{3}{2}$

　　$2(12-x)+3x=27$　$24-2x+3x=27$　$x=3$

　　よって，歩いた道のりは 3 km。

　(4) 家から学校までの道のりを x m として，かかっ

　　た時間についての方程式をつくると，

　　$\dfrac{x}{75}+5=\dfrac{x}{60}$　$4x+1500=5x$　$-x=-1500$

　　$x=1500$

　　よって，家から学校までの道のりは，

　　1500 m$=1.5$ km

⚠ ここに注意

式を立てるときは，求めやすい単位で求めてか

ら，答える単位にそろえてもよい。

6 (1) もとの整数の十の位は x，一の位は $x+5$ とすると，もとの整数は $10x+(x+5)$ となる。

十の位と一の位を入れかえた数は，十の位が $x+5$，一の位は x となるので，$10(x+5)+x$ となる。

入れかえた数は，もとの整数の 3 倍より 9 小さいので，$10(x+5)+x=3\{10x+(x+5)\}-9$

(2) (1)より，$10(x+5)+x=3(11x+5)-9$

$-22x=-44$　$x=2$

よって，もとの整数の十の位は 2。

もとの整数の一の位は $x+5$ より，$2+5=7$

したがって，もとの整数は 27。

---

1 (1) $x=6$　(2) $x=-\dfrac{4}{3}$　(3) $x=-3$　(4) $x=-4$

(5) $x=-\dfrac{3}{2}$

2 $a=2$

3 11, 13, 15, 17, 19

4 $x=5$

5 33 個

6 800 円

7 $\dfrac{25}{8}$ g

8 (1) $5(x-1)+2$

(2) $\dfrac{x-2}{5}+1$

(3) 長机…18 台，立体作品…87 個

解き方

1 (1) $2(x+6)=-3(x-14)$　$2x+12=-3x+42$

$5x=30$　$x=6$

(2) $-5(2x-4)=4(-x+7)$　$-10x+20=-4x+28$

$-6x=8$　$x=-\dfrac{4}{3}$

(3) $\dfrac{3x+11}{4}=\dfrac{-2x-3}{6}$　$3(3x+11)=2(-2x-3)$

$13x=-39$　$x=-3$

(4) $0.3(x-4)=0.8(3x+9)$　$3(x-4)=8(3x+9)$

$3x-12=24x+72$　$-21x=84$　$x=-4$

(5) $0.6(2x+4)-\dfrac{2}{5}(-x+1)=-0.2(2x+5)$

$3(2x+4)-2(-x+1)=-(2x+5)$

$6x+12+2x-2=-2x-5$　$10x=-15$　$x=-\dfrac{3}{2}$

---

2 $x+5a-2(a-2x)=4$ の式に $x=-\dfrac{2}{5}$ を代入すると，$-\dfrac{2}{5}+5a-2\left(a+\dfrac{4}{5}\right)=4$

a についての方程式を解くと，

$3a-2=4$　$3a=6$　$a=2$

3 連続する奇数は，1，3，5，7，…のように 2 ずつ大きくなる。最も小さい奇数を x とすると，5 つの奇数は小さい順に，x，$x+2$，$x+4$，$x+6$，$x+8$ になるので，

$x+(x+2)+(x+4)+(x+6)+(x+8)=75$

$5x+20=75$　$x=11$

よって，連続する 5 つの奇数は，

11，13，15，17，19。

> 🚨 **ここに注意**
>
> 連続する奇数や偶数は，2 ずつ増えるので，x，$x+2$，$x+4$，$x+6$，…とする。

4 図にすると右の図のようになる。

大きくなった面積について方程式をつくると，

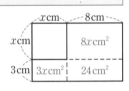

$8x+3x+24=79$

$x=5$

5 正方形の個数とマッチ棒の本数を表にまとめると下のようになる。

正方形（個）	1	2	3
マッチ棒（本）	4	7	10

はじめは 4 本で，2 個目以降は 3 本ずつ増えている。正方形を x 個とすると，マッチ棒の本数は，

$4+3(x-1)=4+3x-3=3x+1$（本）

$3x+1=100$ より，$3x=99$　$x=33$

よって，マッチ棒を 100 本使ってつくることができる正方形の数は 33 個。

6 ハンカチ 1 枚の定価を x 円とする。2 枚のハンカチを 3 割引きで買ったときの代金について方程式をつくると，$2x(1-0.3)=2000-880$

$1.4x=1120$　$x=800$

よって，ハンカチ 1 枚の定価は 800 円。

7 加えた食塩の重さを x g として，食塩の重さについての方程式をつくると，

$100\times\dfrac{1}{100}+x=(100+x)\times\dfrac{4}{100}$

$1+x=4+\dfrac{x}{25}$　$25+25x=100+x$　$24x=75$

$x = \dfrac{25}{8}$

よって，加えた食塩の重さは $\dfrac{25}{8}$ g。

8 (3) 太郎さんの解き方だと，

$4x+15=5(x-1)+2$ $x=18$

となるので，長机は 18 台。

立体作品は $(4x+15)$ 個より，

$4 \times 18 + 15 = 87$ (個)

別解　花子さんの解き方だと，

$\dfrac{x-15}{4} = \dfrac{x-2}{5} + 1$ $5(x-15)=4(x-2)+20$

$x = 87$

よって，立体作品の個数は 87 個。

長机は $\dfrac{x-15}{4}$ 台より，$\dfrac{87-15}{4} = 18$ (台)

Step 3 ② 解答 p.46〜p.47

1 (1) $x=-2$　(2) $x=9$　(3) $x=\dfrac{5}{2}$　(4) $x=6$

2 $x=\dfrac{16}{3}$

3 (1) $(20n+5)$ cm^2　(2) 8 枚

4 315 円

5 (1) $\dfrac{x+420}{36}$　(2) $\dfrac{1320-x}{80}$　(3) 120 m

6 31500 円

7 (1) $4710-28x=5310-\{30x+2(x+80)\}$
 (2) 110 円

解き方

1 (1) $3(2x-1)=2(4x+3)-5$ $6x-3=8x+6-5$

$-2x=4$ $x=-2$

(2) $\dfrac{5x+1}{4} - \dfrac{2x+1}{2} = 2$ $5x+1-2(2x+1)=8$

$5x+1-4x-2=8$ $x=9$

(3) $\dfrac{2x-5}{3} - \dfrac{x-3}{2} = \dfrac{1}{4}$ $4(2x-5)-6(x-3)=3$

$8x-20-6x+18=3$ $2x=5$ $x=\dfrac{5}{2}$

(4) $2\left(\dfrac{2x+1}{4} - \dfrac{x-3}{6}\right) = \dfrac{x+5}{2}$

$\dfrac{2x+1}{2} - \dfrac{x-3}{3} = \dfrac{x+5}{2}$

$3(2x+1)-2(x-3)=3(x+5)$

$6x+3-2x+6=3x+15$ $x=6$

---

2 $2(x+3)=5(x-2)$ $2x+6=5x-10$

$-3x=-16$ $x=\dfrac{16}{3}$

3 (1) 横の長さは，5 cm を n 枚並べた長さから，のり
しろの長さの和をひく。のりしろは $(n-1)$ 個あ
るので，$5n-(n-1)=5n-n+1=4n+1$ (cm)
長方形の面積は，

$5(4n+1)=20n+5$ (cm^2)

(2) n 枚重ねたときの長方形の面積は $(20n+5)$ cm^2
より，$20n+5=165$ $20n=160$ $n=8$

よって，面積が 165 cm^2 になるのは 8 枚の紙を
重ねたときである。

4 昨日のショートケーキ 1 個の値段を x 円として，
今日の売り上げについての方程式をつくると，

$200x+5400=(x-30) \times \{200 \times (1+0.2)\}$

$200x+5400=240x-7200$ $-40x=-12600$

$x=315$

よって，昨日のショートケーキ 1 個の値段は 315 円。

5 (1) 速さ ＝ 道のり÷時間 より，

$(x+420) \div 36 = \dfrac{x+420}{36}$ (m/s)

> 🚨 **ここに注意**
>
> 鉄橋を渡りはじめてから渡り終わるまでに進む
> 道のりは，
> 　列車の長さ＋鉄橋の長さ
> で求められる。

(2) 1 分 20 秒＝80 秒 だから，

$(1320-x) \div 80 = \dfrac{1320-x}{80}$ (m/s)

> 🚨 **ここに注意**
>
> 列車の全体がトンネルにかくれている間に列車
> が進む道のりは，
> 　トンネルの長さ－列車の長さ
> で求められる。

(3) (1)と(2)で求めた列車の速さは等しいので，

$\dfrac{x+420}{36} = \dfrac{1320-x}{80}$ $20(x+420)=9(1320-x)$

$29x=3480$ $x=120$

よって，列車の長さは 120 m。

6 クラスの人数を x 人とする。記念作品をつくるた
めにかかった費用についての方程式をつくると，

$700x-500+7500=(700+200) \times x$

$700x+7000=900x$ $x=35$

22

よって，クラスの人数は 35 人。

費用は $900x$ 円なので，$900 \times 35 = 31500$（円）

7 (1) 使用量が 30 m³ までの 1 m³ あたりの使用料金を x 円として，（水道料金）−（水の使用量に応じた使用料金）から基本料金についての方程式をつくる。

(2) $4710 - 28x = 5310 - \{30x + 2(x + 80)\}$

$4710 - 28x = 5310 - (30x + 2x + 160)$　$4x = 440$

$x = 110$

よって，使用量が 30 m³ までの 1 m³ あたりの使用料金は 110 円。

第4章 比例と反比例

13 比例と反比例

Step 1　解答　　　　　　　　p.48 〜 p.49

1 (1) $y = 50 - 2x$　(2) いえる

2 $-1 < x \leqq 5$

3 (1) $y = 50x$，比例定数…50

(2) $y = 5x$，比例定数…5

(3) $y = 7x$，比例定数…7

4 (1) $y = -3x$，$x = -3$ のとき…$y = 9$

(2) $y = \dfrac{1}{2}x$，$x = 7$ のとき…$y = \dfrac{7}{2}$

5 (1) $y = \dfrac{150}{x}$，比例定数…150

(2) $y = \dfrac{20}{x}$，比例定数…20

(3) $y = \dfrac{6}{x}$，比例定数…6

6 (1) $y = \dfrac{30}{x}$

(2) $y = -\dfrac{12}{x}$，$x = -4$ のとき…$y = 3$

(3) $y = \dfrac{32}{x}$，$y = 16$ のとき…$x = 2$

解き方

1 (1) $y = 50 - 2 \times x$　$y = 50 - 2x$

(2) x の値を決めると y の値も 1 つに決まるので，関数だといえる。

3 x と y の関係が $y = ax$ と表されるとき，比例するといえる。また，定数 a は比例定数という。

(1) $y = 50 \times x$　$y = 50x$

(2) 道のり＝速さ×時間 より，$y = 5 \times x$　$y = 5x$

(3) 三角形の面積 $= \dfrac{1}{2} \times$ 底辺 × 高さ より，

$y = \dfrac{1}{2} \times 14 \times x$　$y = 7x$

4 (1) $y = ax$ に，$x = 5$ と $y = -15$ を代入して，

$-15 = 5a$　$a = -3$

よって，式は $y = -3x$

また，$x = -3$ のとき，$y = -3 \times (-3) = 9$

別解　比例の式の比例定数は，y の値÷x の値で求められるので，$-15 \div 5 = -3$

よって，式は $y = -3x$ となる。

(2) 比例定数は，$-3 \div (-6) = \dfrac{1}{2}$ だから　$y = \dfrac{1}{2}x$

また，$x = 7$ のとき，$y = \dfrac{1}{2} \times 7 = \dfrac{7}{2}$

5 x と y の関係が $y=\dfrac{a}{x}$ の式で表されるとき，反比例するといえる。また，定数 a は比例定数という。

(1) $y=150\div x$　$y=\dfrac{150}{x}$

(2) 三角形の高さ＝三角形の面積×2÷底辺 より，

$$y=10\times2\div x \quad y=\dfrac{20}{x}$$

(3) 時間＝道のり÷速さ より，

$$y=6\div x \quad y=\dfrac{6}{x}$$

6 (1) $y=\dfrac{a}{x}$ に，$x=5$ と $y=6$ を代入して，

$$6=\dfrac{a}{5} \quad a=30$$

よって，式は $y=\dfrac{30}{x}$ となる。

〔別解〕 反比例の式の比例定数は，x の値×y の値 で求められるので，$5\times6=30$

よって，式は $y=\dfrac{30}{x}$ となる。

(2) 比例定数は $2\times(-6)=-12$ だから，$y=-\dfrac{12}{x}$

また，$x=-4$ のとき，$y=-\dfrac{12}{-4}$　$y=3$

(3) 比例定数は $-4\times(-8)=32$ だから，$y=\dfrac{32}{x}$

また，$y=16$ のとき，

$$16=\dfrac{32}{x} \quad 16x=32 \quad x=2$$

Step 2　解答　　　　　p.50〜p.51

1 イ，エ

2 (1) $-3x$　(2) $y=24$　(3) $y=6$

3 (1) $y=50x$　(2) $0\leqq x\leqq40$　(3) $0\leqq y\leqq2000$

4 ウ

5 (1) $y=-\dfrac{6}{x}$　(2) 8　(3) $y=6$　(4) $y=-\dfrac{1}{2}$

6 -4

〔解き方〕

1 x と y の関係が $y=ax$ の式で表されるとき，比例するといえる。

ア $x\times y\div2=20$　$y=\dfrac{40}{x}$ → 比例しない。

イ $y=x\times12$　$y=12x$ → 比例する。

ウ $y=8\div x$　$y=\dfrac{8}{x}$ → 比例しない。

エ $y=x\div120$　$y=\dfrac{x}{120}$ → 比例する。

オ $y=70-x$ → 比例しない。

よって，比例するのは**イ，エ**。

2 (1) 比例定数は $-18\div6=-3$ だから，$y=-3x$

(2) 比例定数は $6\div2=3$ だから，$y=3x$

また，$x=8$ のとき，$y=3\times8=24$

(3) 比例定数は $-9\div3=-3$ だから，$y=-3x$

また，$x=-2$ のとき，$y=-3\times(-2)=6$

3 (1) $y=50\times x$　$y=50x$

(2) 駅までの道のりは $2\,\mathrm{km}=2000\,\mathrm{m}$ だから，駅に着くまでにかかる時間は，

$2000=50x$　$x=40$（分）

よって，x のとりうる値の範囲は，$0\leqq x\leqq40$

(3) 駅までの道のりは $2000\,\mathrm{m}$ なので，y のとりうる値の範囲は，$0\leqq y\leqq2000$

4 x と y の関係を $y=\dfrac{a}{x}$ の式で表されるとき，反比例するといえる。

ア $y=150\times x$　$y=150x$ → 反比例しない。

イ $y=30\div2-x$　$y=15-x$ → 反比例しない。

ウ $y=20\times2\div x$　$y=\dfrac{40}{x}$ → 反比例する。

エ $y=30-2\times x$　$y=30-2x$ → 反比例しない。

よって，反比例するのは**ウ**。

5 (1) 比例定数は $-2\times3=-6$ だから，$y=-\dfrac{6}{x}$

(2) 比例定数は $2\times4=8$

(3) 比例定数は $3\times(-4)=-12$ だから，$y=-\dfrac{12}{x}$

また，$x=-2$ のとき，$y=-\dfrac{12}{-2}=6$

(4) 比例定数は $3\times(-3)=-9$ だから，$y=-\dfrac{9}{x}$

また，$x=18$ のとき，$y=-\dfrac{9}{18}=-\dfrac{1}{2}$

6 表より，$x=-3$ のとき $y=8$ である。

比例定数は $-3\times8=-24$ だから，$y=-\dfrac{24}{x}$

また，$x=6$ のとき，$y=-\dfrac{24}{6}=-4$ だから，**ア**にあてはまるのは -4。

14 座標とグラフ

1 A(5, 2)
　　B(−4, 4)
　　C(−2, −3)
　　D，E，F は右の図

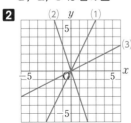

2

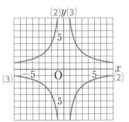

3 (1) $y=-4x$　(2) $y=\dfrac{3}{2}x$　(3) $y=8x$

　　(4) $y=-\dfrac{3}{5}x$

4 (1)(左から)1, 1.6, 2, 4, 8, −8, −4, −2,
　　　−1.6, −1
　　(2), (3)

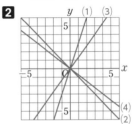

5 (1) $y=\dfrac{6}{x}$　(2) $y=-\dfrac{4}{x}$　(3) $y=\dfrac{12}{x}$　(4) $y=-\dfrac{12}{x}$

解き方

2 比例のグラフをかくときは，原点とそのグラフが通る 1 点を結んで直線にする。
　　(1) $x=1$ のとき $y=2$ なので，原点と (1, 2) を通る直線をひく。
　　(2) $x=1$ のとき $y=-3$ なので，原点と (1, −3) を通る直線をひく。
　　(3) $x=2$ のとき $y=1$ なので，原点と (2, 1) を通る直線をひく。

⚠ ここに注意

(3)で $\left(1, \dfrac{1}{2}\right)$ のような座標が分数になる点は正確にとりにくいので，x 座標，y 座標がともに整数になる点を見つける。

3 (1) 比例定数は $16\div(-4)=-4$ だから，$y=-4x$

(2) グラフは (2, 3) を通っているので，比例定数は
$3\div2=\dfrac{3}{2}$ となる。よって，$y=\dfrac{3}{2}x$

(3) 比例の式の比例定数は，$\dfrac{y\text{ の増加量}}{x\text{ の増加量}}$ で求められるので，$8\div1=8$ となる。よって，$y=8x$

(4) 比例定数は $-3\div5=-\dfrac{3}{5}$ だから，$y=-\dfrac{3}{5}x$

4 (2) 反比例のグラフは，整数の座標をグラフ上にとり，なめらかな曲線で結ぶ。反比例のグラフは原点について対称に 2 本ひくことに注意する。

5 わかりやすい整数の座標を見つけ，比例定数を求める。
(1) (2, 3) を通るので，比例定数は $2\times3=6$
よって，$y=\dfrac{6}{x}$
(2) (1, −4) を通るので，比例定数は $1\times(-4)=-4$
よって，$y=-\dfrac{4}{x}$
(3) (2, 6) を通るので，比例定数は $2\times6=12$
よって，$y=\dfrac{12}{x}$
(4) (−3, 4) を通るので，比例定数は $-3\times4=-12$
よって，$y=-\dfrac{12}{x}$

1 (1) x 軸…(2, −5)，y 軸…(−2, 5)，
　　　原点…(−2, −5)
　　(2) x 軸…(−1, −3)，y 軸…(1, 3)，
　　　原点…(1, −3)
　　(3) x 軸…(4, 2)，y 軸…(−4, −2)，
　　　原点…(−4, 2)
　　(4) x 軸…(−3, 6)，y 軸…(3, −6)，
　　　原点…(3, 6)

2

3 (1) 比例定数…$\dfrac{1}{2}$，$y=\dfrac{1}{2}x$

(2) 比例定数…-3，$y=-3x$

(3) 比例定数…$\dfrac{5}{2}$，$y=\dfrac{5}{2}x$

25

(4) 比例定数…$-\dfrac{4}{3}$, $y=-\dfrac{4}{3}x$

4 (1) $y=3x$ (2) $y=-\dfrac{2}{3}x$

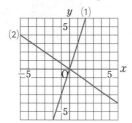

5 (1) **ウ** (2)① $y=-\dfrac{4}{3}x$ ② $x=-\dfrac{9}{2}$

6 (1) $b=3$ (2) $y=-\dfrac{2}{x}$

7 (1) 14 (2) $3≦y≦12$

解き方

1 $(a,\ b)$ の x 軸に対称な点は $(a,\ -b)$, y 軸に対称な点は $(-a,\ b)$, 原点に対称な点は $(-a,\ -b)$ である。

(1)
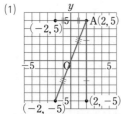

2 (1) 原点と $(1,\ 3)$ を通る直線をひく。
(2) 原点と $(1,\ -1)$ を通る直線をひく。
(3) 原点と $(3,\ 4)$ を通る直線をひく。
(4) 原点と $(4,\ -3)$ を通る直線をひく。

3 (1) $(2,\ 1)$ を通っているので，比例定数は $1÷2=\dfrac{1}{2}$

よって，$y=\dfrac{1}{2}x$

(2) $(-1,\ 3)$ を通っているので，比例定数は
$3÷(-1)=-3$ よって，$y=-3x$

(3) $(2,\ 5)$ を通っているので，比例定数は $5÷2=\dfrac{5}{2}$

よって，$y=\dfrac{5}{2}x$

(4) $(-3,\ 4)$ を通っているので，比例定数は
$4÷(-3)=-\dfrac{4}{3}$ よって，$y=-\dfrac{4}{3}x$

4 (1) 比例定数は $9÷3=3$ だから，$y=3x$
グラフは原点と $(1,\ 3)$ を通る直線をひく。

(2) 比例定数は $-4÷6=-\dfrac{2}{3}$ だから，$y=-\dfrac{2}{3}x$
グラフは原点と $(3,\ -2)$ を通る直線をひく。

5 (1) それぞれの x の値を代入して，y の座標と等しくなるか調べればよい。

ア $x=0$ のとき $y=2×0=0$ → 合わない。

イ $x=1$ のとき $y=2×1=2$ → 合わない。

ウ $x=2$ のとき $y=2×2=4$ → 合っている。

エ $x=4$ のとき $y=2×4=8$ → 合わない。

よって，答えは**ウ**。

(2)① 比例定数は $-\dfrac{4}{3}$ だから，$y=-\dfrac{4}{3}x$

② $y=6$ のとき，$6=-\dfrac{4}{3}x$ $x=-\dfrac{9}{2}$

6 (1) 比例定数は，$6×1=6$ だから，$y=\dfrac{6}{x}$

また，$x=2$ のとき，$y=\dfrac{6}{2}=3$ だから，$b=3$

(2) $(2,\ -1)$ を通っているので，比例定数は，
$2×(-1)=-2$ よって，$y=-\dfrac{2}{x}$

7 (1) 比例定数が負の数の場合，x が最小の値のときに y が最大の値，x が最大の値のときに y が最小の値になるので，$x=3$ のとき $y=-7$ になる。

比例定数は $-7÷3=-\dfrac{7}{3}$ だから，$y=-\dfrac{7}{3}x$

また，$x=-6$ のとき，$y=-\dfrac{7}{3}×(-6)=14$

この y の値が最大の値となるので，☐ にあてはまるのは 14

⚠ **ここに注意**

比例定数が正の数のとき，x が最小の値のときは y も最小の値，x が最大の値のときは y も最大の値になる。

比例定数が負の数のとき，x が最小の値のときは y は最大の値，x が最大の値のときは y は最小の値になる。

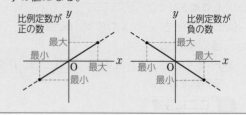

(2) $x=1$ のとき，$y=\dfrac{12}{1}=12$

$x=4$ のとき，$y=\dfrac{12}{4}=3$

よって，y の変域は，$3≦y≦12$

15 比例と反比例の利用

1 (1) $y=\dfrac{9}{5}x$ (2) 180 g   (3) 200 本

2 (1) 154 g   (2) 50 m

3 300 枚

4 (1) $y=\dfrac{60}{x}$ (2) 4 分   (3) 毎分 12 L

5 (1) 姉…$y=60x$, 弟…$y=50x$

   (2) 姉…360 m, 弟…300 m   (3) 150 m

解き方

1 (1) くぎ 30 本の重さをはかったら 54 g あったので, $x=30$ のとき $y=54$ である。

よって, 比例定数は $54 \div 30 = \dfrac{9}{5}$ だから, $y=\dfrac{9}{5}x$

(2) (1) の式に $x=100$ を代入して, $y=\dfrac{9}{5} \times 100 = 180$

よって, 重さは 180 g。

(3) (1) の式に $y=360$ を代入して, $360=\dfrac{9}{5}x$

$x=200$ よって, くぎは 200 本。

2 (1) 針金の重さは長さに比例する。針金の長さを x m, 重さを y g とする。

$x=2$ のとき $y=28$ なので, 比例定数は

$28 \div 2 = 14$ となり, 式は $y=14x$

この式に $x=11$ を代入して, $y=14 \times 11 = 154$

よって, 針金の重さは 154 g。

(2) (1) の式に $y=700$ を代入して, $700=14x$

$x=50$ よって, 長さは 50 m。

3 コピー用紙の重さは枚数に比例する。コピー用紙の枚数を x 枚, 重さを y g とする。

50 枚のコピー用紙の重さは 180 g なので, $x=50$ のとき $y=180$ である。

よって, 比例定数は $180 \div 50 = \dfrac{18}{5}$ だから, 式は

$y=\dfrac{18}{5}x$

この式に $y=1080$ を代入して, $1080=\dfrac{18}{5}x$

$x=300$ よって, 300 枚。

4 (1) 60 L 入る水そうが y 分でいっぱいになったので,

$x = 60 \div y$ $xy=60$ $y=\dfrac{60}{x}$

(2) (1) の式に $x=15$ を代入して, $y=\dfrac{60}{15}=4$

よって, 4 分。

(3) (1) の式に $y=5$ を代入して, $5=\dfrac{60}{x}$ $x=12$

よって, 毎分 12 L の割合で水を入れればよい。

5 (1) グラフより, 姉は 5 分で 300 m 進んでいるので

速さは, $300 \div 5 = 60$ (m/min)

道のり＝速さ× 時間 より, $y=60x$

弟は 5 分で 250 m 進んでいるので速さは,

$250 \div 5 = 50$ (m/min)

よって, $y=50x$

(2) 姉の式 $y=60x$ に $x=6$ を代入して,

$y=60 \times 6 = 360$ (m)

弟の式 $y=50x$ に $x=6$ を代入して,

$y=50 \times 6 = 300$ (m)

(3) グラフより, 姉が学校に着いたのは出発してから 15 分後である。15 分で弟が進んだ道のりは 750 m だから, $900 - 750 = 150$ (m)

1 (1) $y=5x$ (2) $0 \leqq x \leqq 8$ (3) 7 分後

2 (1) 毎分 20 回転   (2) 16

3 (1) $a=6$ (2) $(-2, -3)$

4 (1) $y=2x$ $0 \leqq x \leqq 8$

   (2) 右の図

   (3) 6 cm

5 (1) 14 cm²

   (2) 21 cm²

   (3) 26 cm²

   (4) 28 cm²

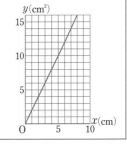

解き方

1 (1) $y=5 \times x$ $y=5x$

(2) y の最大の値が 40 になるので, y の変域は,

$0 \leqq y \leqq 40$

$y=40$ のとき x の値は, $40=5x$ $x=8$

よって, x の最大の値は 8 となるので, x の変域は, $0 \leqq x \leqq 8$

(3) (1) の式に $y=35$ を代入すると,

$35=5x$ $x=7$

よって, 7 分後。

2 (1) 歯車の歯数と回転数は反比例する。歯数を x, 毎分の回転数を y とすると, $x=35$ のとき $y=16$ より, 比例定数は $35 \times 16 = 560$ となり,

式は $y=\dfrac{560}{x}$

この式に $x=28$ を代入して，$y=\dfrac{560}{28}=20$

よって，毎分 20 回転。

(2)(1)の式に，$y=35$ を代入して，$35=\dfrac{560}{x}$　$x=16$

よって，歯数を 16 にすればよい。

3 (1)点 P は $y=\dfrac{3}{2}x$ 上の点なので，点 P の y 座標は，

$y=\dfrac{3}{2}\times2=3$　よって，点 P の座標は，$(2,\ 3)$

点 P は $y=\dfrac{a}{x}$ 上の点でもあるので，

比例定数 a は，$a=2\times3=6$

(2)比例，反比例のグラフは原点について対称なので，点 Q の座標は，$(-2,\ -3)$

4 (1)$y=\dfrac{1}{2}\times4\times x$　$y=2x$

x の値が最も大きくなるのは，点 P が C に着いたときなので，$0\leqq x\leqq8$

(2)y の値が最も大きくなるのは $x=8$ のときなので，$y=2\times8$　$y=16$

よって，原点から $(8,\ 16)$ の点を結ぶ線をひく。

(3)(2)のグラフから読み取ると，面積が $12\ \mathrm{cm}^2$ になるとき，$BP=6\ \mathrm{cm}$

5 (1)BC を底辺とみると，$BC=3-(-4)=7\ (\mathrm{cm})$

高さは $4-0=4\ (\mathrm{cm})$

よって，$\dfrac{1}{2}\times7\times4=14\ (\mathrm{cm}^2)$

(2)BC を底辺とみると，$BC=3-(-3)=6\ (\mathrm{cm})$

高さは，$4-(-3)=7\ (\mathrm{cm})$

よって，$\dfrac{1}{2}\times6\times7=21\ (\mathrm{cm}^2)$

(3)右の図のように長方形で囲んで，長方形から周りの三角形の面積をひく。

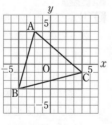

$7\times8-\left(\dfrac{1}{2}\times2\times7+\dfrac{1}{2}\times8\right.$

$\left.\times2+\dfrac{1}{2}\times6\times5\right)$

$=56-(7+8+15)=56-30=26\ (\mathrm{cm}^2)$

(4)BC を底辺とみると，$BC=3-(-1)=4\ (\mathrm{cm})$

高さは，$4-(-3)=7\ (\mathrm{cm})$

よって，$4\times7=28\ (\mathrm{cm}^2)$

Step 3 ①　解答　　　　p.60 〜 p.61

1 (1)$y=\dfrac{x}{3}$　(2)$y=\dfrac{16}{x}$　(3)$y=\dfrac{480}{x}$　(4)**イ**

2 (1)点 D，点 E　(2)点 C，点 D

(3)点 B と点 E，点 D と点 G　(4)点 B，点 E

3 (1)6　(2)-0.6

4 (1)$\dfrac{8}{3}$　(2)-2

5 $\dfrac{8}{3}$

6 (1)① 16　② 20　(2)$y=4x$

解き方

1 (1)$y=x\div3$　$y=\dfrac{x}{3}$

(2)全体の長さは $2\times8=16\ (\mathrm{m})$ となる。

よって，式は $y=16\div x$　$y=\dfrac{16}{x}$

(3)A 市から B 市までの道のりは，$60\times8=480\ (\mathrm{km})$ となる。よって，式は $y=480\div x$　$y=\dfrac{480}{x}$

(4)式は $y=12\div x$ より，$y=\dfrac{12}{x}$ になるので，**イ** が答え

2 点 A〜G の座標は次のようになる。

A$(3,\ 3)$，B$(-3,\ 3)$，C$(-2,\ -2)$，D$(-4,\ -3)$，

E$(3,\ -3)$，F$(2,\ 1)$，G$(4,\ 3)$

(3)x 座標と y 座標の両方の符号が逆になっている点を探す。

(4)$y=-x$ のグラフ上なので，$(a,\ -a)$ の関係になっている点を探す。

3 (1)$y=3x$ に $x=2$ を代入して，$y=3\times2=6$

(2)$y=3x$ に $y=-1.8$ を代入して，

$-1.8=3x$　$x=-0.6$

4 (1)$y=-\dfrac{24}{x}$ に $x=-9$ を代入して，$y=-\dfrac{24}{-9}=\dfrac{8}{3}$

(2)$y=-\dfrac{24}{x}$ に $y=12$ を代入して，$12=-\dfrac{24}{x}$

$12x=-24$　$x=-2$

5 $(-4,\ -2)$ を通る反比例のグラフなので，このグラフの式の比例定数は，$-4\times(-2)=8$

よって，式は $y=\dfrac{8}{x}$ となるので，$x=3$ を代入して，

$y=\dfrac{8}{3}$

したがって，点 B の y 座標は $\dfrac{8}{3}$

6 (1) x が 2 倍，3 倍，…になると y も 2 倍，3 倍，…
になっているので，x と y は比例の関係になっ
ている。
$x=1$ のとき $y=4$ より，①は x が 4 倍になって
いるので，y は $4×4=16$ (cm)
②は x が 5 倍になっているので，y は
$4×5=20$ (cm)

(2) $x=1$ のとき $y=4$ より，比例定数は $4÷1=4$
となり，式は $y=4x$

---

1 (1) $y=10-x$ (2) $y=\dfrac{200}{x}$，$×$ (3) $y=\dfrac{50}{x}$，$×$

(4) $y=\dfrac{3}{20}x$，$○$

2 (1) $a=-3$，$b=6$ (2) 8 個 (3) 8 個

3 ウ

4 (1) $(2，-4)$ (2) $(3，2)$ (3) $(-5，2)$

(4) 18 cm²

5 (1) $y=2x$ (2) $y=\dfrac{8}{x}$ (3) 3 cm²

解き方

1 (1) $y=20÷2-x$ $y=10-x$
比例も反比例もしない。

(2) 往復するので距離は $2×100=200$ (km) になる。
$y=200÷x$ $y=\dfrac{200}{x}$ 反比例する。

(3) $y=25×2÷x$ $y=\dfrac{50}{x}$ 反比例する。

(4) 食塩の重さ＝食塩水の重さ×$\dfrac{食塩水の濃度(\%)}{100}$

$y=x×\dfrac{15}{100}$ $y=\dfrac{3}{20}x$ 比例する。

2 (1) 比例定数は $-6÷2=-3$ だから，$y=-3x$
また，$x=-2$ のとき $y=-3×(-2)=6$
$x=1$ のとき $y=-3×1=-3$
よって，y の変域は，$-3≦y≦6$
したがって，$a=-3$，$b=6$

(2) $y=\dfrac{24}{x}$ のグラフ上で x 座標と y 座標がともに負
の整数の組み合わせは，$(-1，-24)$，
$(-2，-12)$，$(-3，-8)$，$(-4，-6)$，
$(-6，-4)$，$(-8，-3)$，$(-12，-2)$，
$(-24，-1)$ の 8 個ある。

---

(3) $y=\dfrac{6}{x}$ のグラフ上にあって x 座標と y 座標がと
もに整数の組み合わせは，$(1，6)$，$(2，3)$，$(3，2)$，
$(6，1)$，$(-1，-6)$，$(-2，-3)$，$(-3，-2)$，
$(-6，-1)$ の 8 個ある。

3 ア $y=\dfrac{6}{x}$ 上のグラフ上で $x>0$ の範囲では x の値
が増加すると y の値は減少する双曲線である。
イ 直線ではなく双曲線である。
エ $x=\dfrac{1}{6}$ を代入すると，$y=36$ になる。
よって，正しいのは**ウ**。

4 (1) 点 A$(2，4)$ の x 軸について対称な点は $(2，-4)$

(2) 点 B$(-3，2)$ の y 軸について対称な点は $(3，2)$

(3) 点 C$(5，-2)$ の原点について対称な点は $(-5，2)$

(4) 右の図のように長方形
で囲み，長方形から三
角形の面積をひく。

$6×8-\left(\dfrac{1}{2}×3×6+\dfrac{1}{2}\right.$

$\left.×8×4+\dfrac{1}{2}×5×2\right)$

$=48-(9+16+5)$

$=48-30=18$ (cm²)

5 (1) $(2，4)$ を通る比例のグラフなので，比例定数は，
$4÷2=2$ となる。よって，式は $y=2x$

(2) $(2，4)$ を通る反比例のグラフなので，比例定数は，
$2×4=8$ となる。よって，式は $y=\dfrac{8}{x}$

(3) 点 Q と点 R の y 座標が 2 となる。点 Q は $y=2x$
上にあるので，$y=2$ を代入して，$2=2x$ $x=1$
よって，点 Q の座標は $(1，2)$
点 R は $y=\dfrac{8}{x}$ 上にあるので，$y=2$ を代入して，
$2=\dfrac{8}{x}$ $2x=8$ $x=4$
よって，点 R の座標は $(4，2)$
三角形 PQR は底辺 QR が 3 cm，高さが 2 cm に
なるので，面積は $\dfrac{1}{2}×3×2=3$ (cm²)

16　図形の移動

| Step 1 | 解答 | p.64〜p.65 |

1 (1) AB⊥BC　(2) AB∥DC

2 (1) 8 cm　(2) 点E　(3) 点D

3 (1) 2 cm　(2) 5 cm

4 (1)

(2) AB∥A′B′,　AB＝A′B′

5

6 (1)

(2) BB′⊥ℓ

解き方

2 (1) 点Aから直線ℓに垂直な線をひくと，直線ℓまでの距離は4目盛り分になるので，
2×4＝8 (cm)

(2) 点Bは直線ℓまでの距離は3目盛り分になる。同じように3目盛り分の距離になるのは点E。

(3) 直線ℓとの距離が最も短いのは，2目盛り分の距離の点D。

3 (1) AB＝10−6＝4 (cm)
点Mは線分ABの中点なので，
AM＝4÷2＝2 (cm)

(2) AM＝MB より，MB＝2 cm
Nは線分BCの中点なので，BN＝6÷2＝3 (cm)
MN＝MB＋BN＝2＋3＝5 (cm)

4 (1) 点B′は点Bを右へ11マス移動した点なので，点A，点Cも同じように移動させて，点A′，点C′をとる。3点A′，B′，C′を頂点とする三角形をかく。

(2) 平行移動した図形の対応する線分は，平行で長さが等しくなる。

5 直線AO上に，OA＝OA′となるような点A′を点

Aの反対側にとる。点B，点Cについても同じように点B′，点C′をとり，3点A′，B′，C′を頂点とする三角形をかく。

6 (1) 点Aを通り直線ℓに垂直な直線をひき，直線ℓからの距離が点Aと等しい点A′を，点Aの反対側にとる。点B，点Cについても同じように点B′，点C′をとり，3点A′，B′，C′を頂点とする三角形をかく。

(2) 対称移動したとき，対応する点を結んだ直線は対称の軸と垂直になる。

| Step 2 | 解答 | p.66〜p.67 |

1 (1) ℓ∥n　(2) ℓ⊥n　(3) ℓ∥n　(4) ℓ⊥n

2 (1)

(2)

3 (1)

(2)

4

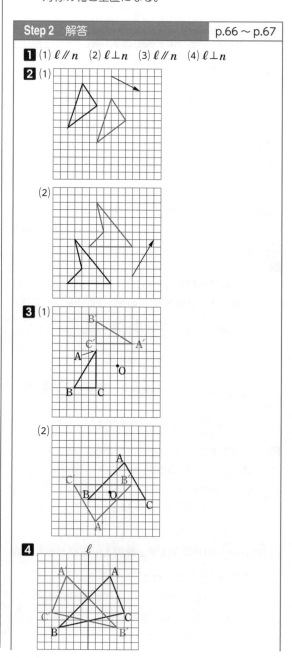

5 (1) ∠AOA′，∠BOB′　(2) ∠B′OC′

　　(3) ∠A′B′C′

6 (1) △EIF，△GIH

　　(2) 点 I を回転の中心として，180°回転移動(点
対称移動)させればよい。

　　(3) ① 回転　② 平行

解き方

1 関係を図に表すと次のようになる。

(1) 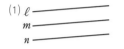　(2)

(3) 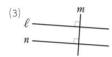　(4)

2 (1) 矢印は右へ4マス，下へ2マス移動しているので，
三角形の各頂点を同じように移動させて，3点を
頂点とする三角形をかく。

　　(2) 矢印は右へ3マス，上へ5マス移動しているので，
四角形の各頂点を同じように移動させて，4点を
頂点とする四角形をかく。

3 (1) ∠AOA′=90°，OA=OA′ となるような点 A′
をとる。点 B，点 C についても同様にして点 B′，
点 C′ をとり，3点 A′B′C′ を頂点とする三角形
をかく。

　　(2) 点対称移動とは180°の回転移動のことである。
p.65 の **5** と同じ方法でかくことができる。

4 p.65 の **6**(1) と同じ方法でかくことができる。

5 (1) 点 O が回転の中心なので，対応する点と回転の
中心を結んだ角度はすべて等しくなる。
よって，∠AOA′=∠BOB′=∠COC′

6 (1) EI を対称の軸として，△EIF に対称移動できる。
また，HI を対称の軸として，△GIH に対称移動
できる。

　　(3) 右の図の点 J を回
転の中心として，
△EBF から
△FIE に回転移動
して，△FIE から
△GDH に平行移動する。

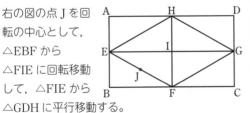

17　いろいろな作図

Step 1　解答　　　　　　　　　p.68 ～ p.69

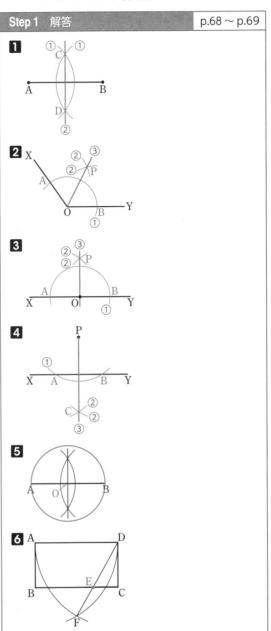

解き方

3 180÷2=90° だから，180°の角 ∠XOY の二等分線
をひけばよい。

　① 点 O を中心とする円をかき，直線 XY との交点
を A，B とする。

　② 2点 A，B をそれぞれ中心として，等しい半径
の円をかき，その交点の1つを P とする。

　③ 直線 OP をひく。

5 2点 A, B からの距離^{きょり}が等しい点は，線分 AB の垂直二等分線上にあるので，円の中心 O は線分 AB の垂直二等分線と線分 AB の交点になる。

6 辺 AD を 1 辺とする正三角形 ADF を辺 BC 側につくる。このとき，辺 DF と辺 BC が交わる点を E とすると，∠ADE＝∠ADF＝60° である。

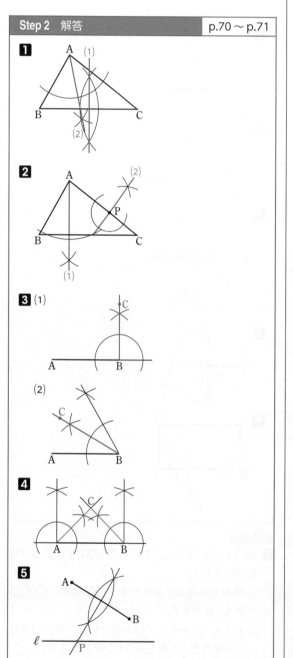

Step 2 解答　　　　　　　p.70 ～ p.71

1 (1) (2)

2 (1) (2) P

3 (1) C / A B

(2) C / A B

4 C / A B

5 A / B / ℓ P

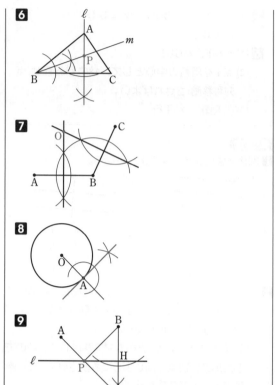

6 ℓ / A / P / m / B / C

7 ℓ / O / C / A / B

8 O / A

9 A / B / ℓ / P / H / B′

解き方

3 (1) 点Bから垂線をひき，その直線上の点をCとする。
(2) ① 点 A と B を中心として，線分 AB と同じ長さで円をかく。
② ①の交点と B を直線で結ぶ。
③ ②でできた 60° の角の二等分線をひき，その直線上の点を C とする。

4 AC＝BC の直角二等辺三角形は，
∠CAB＝∠CBA＝45° となる。
① 点 A, B を通る垂線をひく。
② 点 A, B にできた 90° の角の二等分線をひき，その交点を C とする。
③ 点 A, B, C を結んで直角二等辺三角形にする。

5 線分 AB の垂直二等分線と直線 ℓ との交点を P とする。

🚨 **ここに注意**

2点から等しい距離^{きょり}にある点は，2点を結ぶ線分の垂直二等分線上にある。

6 点 A から辺 BC に垂線 ℓ をひき，次に ∠ABC の二等分線 m をひく。直線 ℓ と m の交点が点 P である。

<table>
<tr><td>

⚠ ここに注意

2辺から等しい距離にある点はその間にある角の二等分線上にある。

</td></tr>
</table>

7 線分 AB の垂直二等分線と線分 BC の垂直二等分線をひき，その2直線の交点を O とすると，OA＝OB＝OC となる。

8 円の接線は，接点を通る半径に垂直なので，点 A を通る OA の垂線を作図すればよい。

9 ① 点 B から直線 ℓ に垂線 BH をひき，その延長上に，B′H＝BH となる点 B′ をとる。
　　② 線分 AB′ をひき，直線 ℓ との交点を P とする。

18 おうぎ形

Step 1　解答	p.72〜p.73

1 (1) $\overset{\frown}{AB}$　(2) $\overset{\frown}{AB}$ に対する中心角

2 (1) 4π cm　(2) 2π cm　(3) 2π cm　(4) $\dfrac{5}{6}\pi$ cm

3 (1) π cm²　(2) 3π cm²

4 (1) 35π cm²　(2) 15π cm²

5 (1) $150°$　(2) $108°$　(3) $80°$　(4) $60°$

6 (1) $(4\pi+18)$ cm　(2) $(4\pi+10)$ cm
　　(3) $(4\pi+24)$ cm　(4) $(5\pi+8)$ cm

解き方

2 (1) $2\pi\times4\times\dfrac{180}{360}=8\pi\times\dfrac{1}{2}=4\pi$ (cm)

(2) $2\pi\times3\times\dfrac{120}{360}=6\pi\times\dfrac{1}{3}=2\pi$ (cm)

(3) $2\pi\times6\times\dfrac{60}{360}=12\pi\times\dfrac{1}{6}=2\pi$ (cm)

(4) $2\pi\times5\times\dfrac{30}{360}=10\pi\times\dfrac{1}{12}=\dfrac{5}{6}\pi$ (cm)

3 (1) $\pi\times2^2\times\dfrac{90}{360}=4\pi\times\dfrac{1}{4}=\pi$ (cm²)

(2) $\pi\times6^2\times\dfrac{30}{360}=36\pi\times\dfrac{1}{12}=3\pi$ (cm²)

4 (1) $\dfrac{1}{2}\times7\pi\times10=35\pi$ (cm²)

<table>
<tr><td>

⚠ ここに注意

半径 r と弧の長さ ℓ がわかっているときは，おうぎ形の面積を S とすると，$S=\dfrac{1}{2}\ell r$

</td></tr>
</table>

(2) $\dfrac{1}{2}\times5\pi\times6=15\pi$ (cm²)

5 (1) $360°\times\dfrac{5\pi}{2\pi\times6}=360°\times\dfrac{5}{12}=150°$

<table>
<tr><td>

⚠ ここに注意

半径 r と弧の長さ ℓ がわかっているとき，おうぎ形の中心角は，$360°\times\dfrac{\ell}{2\pi r}$

</td></tr>
</table>

(2) $360°\times\dfrac{6\pi}{2\pi\times10}=360°\times\dfrac{3}{10}=108°$

(3) 中心角を $x°$ として方程式をつくる。

$\pi\times3^2\times\dfrac{x}{360}=2\pi$　$9x=720$　$x=80$

(4) $\pi\times8^2\times\dfrac{x}{360}=\dfrac{32}{3}\pi$　$64x=3840$　$x=60$

6 おうぎ形のまわりの長さは，弧の長さ＋半径×2 で求められる。

(1) $2\pi\times9\times\dfrac{80}{360}+9\times2=18\pi\times\dfrac{2}{9}+18$
　　$=4\pi+18$ (cm)

(2) $2\pi\times5\times\dfrac{144}{360}+5\times2=10\pi\times\dfrac{2}{5}+10$
　　$=4\pi+10$ (cm)

(3) $2\pi\times12\times\dfrac{60}{360}+12\times2=24\pi\times\dfrac{1}{6}+24$
　　$=4\pi+24$ (cm)

(4) $2\pi\times4\times\dfrac{225}{360}+4\times2=8\pi\times\dfrac{5}{8}+8$
　　$=5\pi+8$ (cm)

Step 2　解答	p.74〜p.75

1 (1) $(2\pi+6)$ cm　(2) $\left(\dfrac{7}{3}\pi+12\right)$ cm
　　(3) 8 cm　(4) $135°$　(5) 9π cm²　(6) 9 cm
　　(7) $300°$　(8) $54°$

2 (1) 2π cm　(2) $\dfrac{5}{3}\pi$ cm²

3 (1) 周の長さ…$(10\pi+4)$cm，面積…10π cm²
　　(2) 周の長さ…4π cm，面積…2π cm²
　　(3) 周の長さ…$(4\pi+4)$ cm，面積…3π cm²
　　(4) 周の長さ…$\left(\dfrac{10}{3}\pi+6\right)$ cm，面積…5π cm²

4 $(2\pi-6)$ cm

5 4π cm²

6 6π cm²

解き方

1 (1) $2\pi \times 3 \times \dfrac{120}{360} + 3 \times 2 = 2\pi + 6$ (cm)

(2) $2\pi \times 6 \times \dfrac{70}{360} + 6 \times 2 = \dfrac{7}{3}\pi + 12$ (cm)

(3) おうぎ形の半径を r cm として方程式をつくる。

$2\pi r \times \dfrac{90}{360} = 4\pi$　$2r = 16$　$r = 8$

(4) $360° \times \dfrac{3\pi}{2\pi \times 4} = 135°$

(5) $\dfrac{1}{2} \times 3\pi \times 6 = 9\pi$ (cm^2)

(6) おうぎ形の半径を r cm として方程式をつくる。

$\pi \times r^2 \times \dfrac{120}{360} = 27\pi$　$r^2 = 81$

$r \times r = 9 \times 9$ より，$r = 9$

(7) おうぎ形の中心角を $x°$ として方程式をつくる。

$\pi \times 9^2 \times \dfrac{x}{360} = \dfrac{135}{2}\pi$　$\dfrac{9}{40}x = \dfrac{135}{2}$　$x = 300$

(8) 半径 6 cm で中心角が 90° のおうぎ形の弧の長さ

は，$2\pi \times 6 \times \dfrac{90}{360} = 12\pi \times \dfrac{1}{4} = 3\pi$ (cm)

半径が 10 cm で弧の長さが 3π cm のおうぎ形の

中心角は，$360° \times \dfrac{3\pi}{2\pi \times 10} = 54°$

2 (1) $2\pi \times 8 \times \dfrac{45}{360} = 16\pi \times \dfrac{1}{8} = 2\pi$ (cm)

(2) $\pi \times 2^2 \times \dfrac{150}{360} = 4\pi \times \dfrac{5}{12} = \dfrac{5}{3}\pi$ (cm^2)

3 (1) 周の長さは，

$2\pi \times 4 \times \dfrac{180}{360} + 2\pi \times 6 \times \dfrac{180}{360} + 4$

$= 4\pi + 6\pi + 4 = 10\pi + 4$ (cm)

面積は，$\pi \times 6^2 \times \dfrac{180}{360} - \pi \times 4^2 \times \dfrac{180}{360}$

$= 18\pi - 8\pi = 10\pi$ (cm^2)

(2) 周の長さは，

$2\pi \times 1 \times \dfrac{180}{360} \times 2 + 2\pi \times 2 \times \dfrac{180}{360}$

$= 2\pi + 2\pi = 4\pi$ (cm)

面積は，右の図のように，小さ
い半円を移動すると，大きい半
円の面積と等しくなるので，

$\pi \times 2^2 \times \dfrac{180}{360} = 2\pi$ (cm^2)

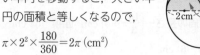

(3) 小さい半円の半径は，$4 \div 4 = 1$ (cm)

周の長さは，

$2\pi \times 1 \times \dfrac{180}{360} \times 2 + 2\pi \times 4 \times \dfrac{90}{360} + 4$

$= 2\pi + 2\pi + 4 = 4\pi + 4$ (cm)

面積は，$\pi \times 4^2 \times \dfrac{90}{360} - \pi \times 1^2 \times \dfrac{180}{360} \times 2$

$= 16\pi \times \dfrac{1}{4} - \pi \times \dfrac{1}{2} \times 2$

$= 4\pi - \pi = 3\pi$ (cm^2)

(4) 周の長さは，

$2\pi \times 6 \times \dfrac{40}{360} + 2\pi \times 9 \times \dfrac{40}{360} + (9 - 6) \times 2$

$= \dfrac{4}{3}\pi + 2\pi + 6 = \dfrac{10}{3}\pi + 6$ (cm)

面積は，$\pi \times 9^2 \times \dfrac{40}{360} - \pi \times 6^2 \times \dfrac{40}{360}$

$= 9\pi - 4\pi = 5\pi$ (cm^2)

4 弧の長さは，$2\pi \times 6 \times \dfrac{60}{360} = 12\pi \times \dfrac{1}{6} = 2\pi$ (cm)

円周率 π は 3.14… より，$2\pi > 6$ となるので，長さ
の差は，$2\pi - 6$ (cm)

5 色のついた半円を白い半円に移動すると，半径 AB
で中心角 90° のおうぎ形と面積が等しくなるので，

$\pi \times 4^2 \times \dfrac{90}{360} = 4\pi$ (cm^2)

6 色のついた部分の面積

＝半円の面積＋おうぎ形の面積－半円の面積

＝おうぎ形の面積

なので，半径 6 cm で中心角 60° のおうぎ形の面積
を求めればよい。

$\pi \times 6^2 \times \dfrac{60}{360} = 6\pi$ (cm^2)

Step 3 ① 　解答	p.76 ～ p.77

1 直線 ℓ に垂直な方向に 10 cm 平行移動させれ
ばよい。

2

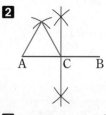

3

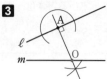

34

4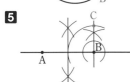

5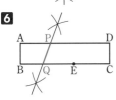

6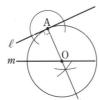

7 (1) $(200-50\pi)\ \mathrm{cm}^2$　(2) $(150-25\pi)\ \mathrm{cm}^2$

8 $2\pi\ \mathrm{cm}^2$

9 $(3\pi+27)\ \mathrm{cm}$

解き方

1 右の図で，AC＝A′C，
A′D＝A″D だから，
AA″
＝A′C×2＋A′D×2
＝5×2＝10 (cm)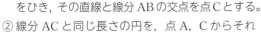

2 ① 線分 AB の垂直二等分線
をひき，その直線と線分 AB の交点を点Cとする。
② 線分 AC と同じ長さの円を，点 A，Cからそれ
ぞれかき，その交点と点 A，Cを結んで正三角
形にする。

3 円の接線は，接点を通る半径
に垂直である。よって，ℓ 上の
点 A を通る垂線 n をひき，n
と m の交点をOとする。この
とき，半径OAの円Oは，点
Aで直線 ℓ に接している。

4 右の図のように，円周上
に適当な点C，Dをとる。
線分 AC と線分 AD の垂
直二等分線をそれぞれ ℓ，
m とする。2直線 ℓ と m
の交点をOとすると，O
は円の中心である。よっ
て，直線 AO をひき，円と交わるもう1つの点を
Bとすると，線分 AB は円Oの直径である。

5 ① 点 B を通り，直線 AB に垂
直な直線をひく。
② 線分 AB の垂直二等分線を
ひき，直線 AB との交点をD
とする。
③ ① の垂線上に BD＝BC となる点 C をとる。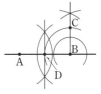

6 線分 AE の垂直二等分線をひき，辺 AD，辺 BC と
の交点をそれぞれP，Qとするとき，線分 PQ が折
り目の線である。

7 (1) △ABD からおうぎ形 ABE をひいて求める。お
うぎ形 ABE の中心角は，$90°\div2=45°$
$$\frac{1}{2}\times20\times20-\pi\times20^2\times\frac{45}{360}=200-400\pi\times\frac{1}{8}$$
$$=200-50\pi\ (\mathrm{cm}^2)$$

(2) △OBC の面積から，右
の図で色のついた部分
の面積をひけばよい。
右の図で色のついた部
分の面積は，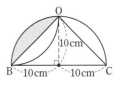
$$\pi\times10^2\times\frac{90}{360}-\frac{1}{2}\times10\times10=100\pi\times\frac{1}{4}-50$$
$$=25\pi-50\ (\mathrm{cm}^2)$$
よって，求める面積は，
$$\frac{1}{2}\times20\times10-(25\pi-50)=150-25\pi\ (\mathrm{cm}^2)$$

別解 △ABC から
△AEO とおうぎ形 EOB
の面積をひけばよい。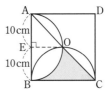
$$\frac{1}{2}\times20\times20-\frac{1}{2}\times10\times10$$
$$-\pi\times10^2\times\frac{90}{360}$$
$$=200-50-25\pi$$
$$=150-25\pi\ (\mathrm{cm}^2)$$

8 右の図で，アをイ，ウをエに移動
すると，半円の面積と等しくなる。
$$\pi\times2^2\times\frac{180}{360}$$
$$=4\pi\times\frac{1}{2}=2\pi\ (\mathrm{cm}^2)$$

9 右の図のように，ひもは直線
とおうぎ形の弧の部分に分か
れる。3つのおうぎ形を合わ
せると，円と等しくなるので，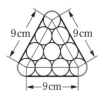
$$2\pi\times\frac{3}{2}+9\times3=3\pi+27\ (\mathrm{cm})$$

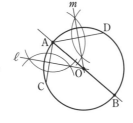

1 (1) 周の長さ…10π cm，面積…$(50\pi-100)$ cm²

(2) 周の長さ…16π cm，面積…$(32\pi-64)$ cm²

(3) 周の長さ…4π cm，面積…$(2\pi-4)$ cm²

(4) 周の長さ…$(15\pi+6)$ cm，面積…$\dfrac{45}{2}\pi$ cm²

2

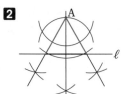

3

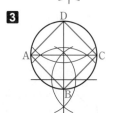

4

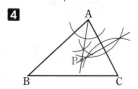

5

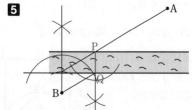

6 (1)

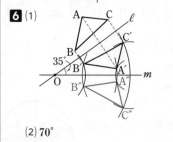

(2) **70°**

解き方

1 (1) 周の長さは，中心角 90° のおうぎ形の弧の長さが

2 つ分なので，$2\pi\times10\times\dfrac{90}{360}\times2=10\pi$ (cm)

右の図のように色のついた
部分を分けると，アの面積
は，

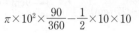

$\pi\times10^2\times\dfrac{90}{360}-\dfrac{1}{2}\times10\times10$

$=25\pi-50$ (cm²)

ア＝イ より，色のついた部分の面積は，

$(25\pi-50)\times2=50\pi-100$ (cm²)

(2) 右の図のように線をひいて，
(1)と同じ形の図形が 4 つある
と考える。周の長さは，

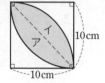

$2\pi\times4\times\dfrac{90}{360}\times2\times4$

$=16\pi$ (cm)

4 つに分けたうちの 1 つの面積は，

$\left(\pi\times4^2\times\dfrac{90}{360}-\dfrac{1}{2}\times4\times4\right)\times2=(4\pi-8)\times2$

$=8\pi-16$ (cm²)

よって，色のついた部分の面積は，

$(8\pi-16)\times4=32\pi-64$ (cm²)

(3) 周の長さは，半径 2 cm で中心角 90° のおうぎ形
の弧 2 つ分と，半径 4 cm で中心角 90° のおうぎ
形の弧の和になる。

$2\pi\times2\times\dfrac{90}{360}\times2+2\pi\times4\times\dfrac{90}{360}$

$=2\pi+2\pi=4\pi$ (cm)

面積は，大きいおうぎ形から，小さいおうぎ形 2
つ分と正方形をひけばよい。

$\pi\times4^2\times\dfrac{90}{360}-\left(\pi\times2^2\times\dfrac{90}{360}\times2+2\times2\right)$

$=4\pi-(2\pi+4)=2\pi-4$ (cm²)

(4) 周の長さは，

$2\pi\times(3+3)\times\dfrac{300}{360}+2\pi\times3\times\dfrac{300}{360}+3\times2$

$=10\pi+5\pi+6=15\pi+6$ (cm)

面積は，

$\pi\times6^2\times\dfrac{300}{360}-\pi\times3^2\times\dfrac{300}{360}$

$=30\pi-\dfrac{15}{2}\pi=\dfrac{45}{2}\pi$ (cm²)

2 ① 点 A から直線 ℓ に垂線を
ひき，垂線上に点 B をとる。

② 点 A，B を中心とする半
径 AB の円をそれぞれか
き，その交点を C，E と
する。

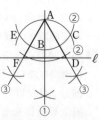

③ ∠BAC＝∠BAE＝60° になるから，それぞれの
角の二等分線をひき，ℓ との交点を D，F とする。
このとき，△ADF は，二等辺三角形で，
∠DAF＝60° なので，正三角形である。

3 ① 円周を通る適当な直線をひき，円周との交点を E，F とする。

② 線分 EF の垂直二等分線をひき，その直線と円周の交点を B，D とする。

③ 線分 BD の垂直二等分線と円周の交点を点 A，C として，点 A，B，C，D を結ぶと正方形 ABCD になる。

4 ① 辺 AC の垂直二等分線をひく。

② ∠BAC の二等分線をひく。

③ ①と②の直線の交点を点 P とする。

5 下の図のように，川べりの直線を ℓ，m とする。

① 点 B から直線 m に垂線をひき，直線 ℓ，m との交点をそれぞれ C，D とする。

② ①の垂線上に，BB′＝CD となる点 B′ をとる。

③ 点 B′ と A を結び，直線 ℓ との交点を P とする。

④ 点 P から直線 m に垂線をひき，直線 m との交点を Q とする。

⑤ 点 P と Q を結び，橋 PQ とする。

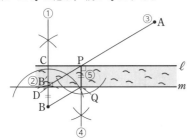

6 (2) 右の図で，

∠AOD＝∠A′OD

∠A′OE＝∠A″OE

だから，

∠AOA″

＝∠AOA′＋∠A′OA″

＝∠A′OD×2＋∠A′OE×2

＝(∠A′OD＋∠A′OE)×2＝∠DOE×2

＝35°×2＝70°

---

19 直線や平面の位置関係

Step 1 解答　　　　　　　　　　p.80 ～ p.81

1 (1) 辺 DC，EF，HG

(2) 辺 AD，AE，BC，BF

(3) 辺 CG，DH，EH，FG

2 決まるもの…ア，イ

（決まらないもののわけ）

ウ…2 直線がねじれの位置にある場合は決まらないから。

エ…3 点が 1 直線上にある場合は決まらないから。

3 (1) 面 ABCD，EFGH

(2) 面 BFGC，CGHD

(3) 面 ABFE，AEHD

(4) 辺 AE，BF，CG，DH

(5) 辺 EF，FG，GH，HE

4 (1) 面 ABC，DEF

(2) 面 ABC，DEF，CFEB

(3) 面 ABC と面 DEF

(4) 45°

解き方

1 (1) 四角形 ABCD，四角形 AEFB は長方形だから，AB∥DC，AB∥EF

また，四角形 ABGH も長方形だから，AB∥HG

(2) 四角形 ABCD，四角形 AEFB は長方形だから，∠BAD＝∠BAE＝∠ABC＝∠ABF＝90°

(3) 直方体で，平行でなく交わらない 2 辺は，ねじれの位置にある。

したがって，直方体の 12 本の辺から，辺 AB 自身と(1)の 3 本の辺，(2)の 4 本の辺を除いた残りの 4 本の辺が，辺 AB とねじれの位置にある。

2 次のような場合，平面は 1 つに決まる。

① 1 直線上にない 3 点　② 1 直線とその上にない 1 点

③ 交わる 2 直線　　　④ 平行な 2 直線

3 (1) AE⊥AB，AE⊥AD だから，面 ABCD は辺 AE に垂直である。また，AE⊥EF，AE⊥EH だから，面 EFGH は辺 AE に垂直である。

37

ここに注意

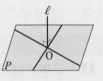

直線 ℓ と平面 P が垂直であることを確かめるときは，交点 O を通る平面 P 上の 2 つの直線と直線 ℓ がそれぞれ垂直であることを示せばよい。

(5) 平面 ABCD と平面 EFGH は平行だから，平面 EFGH 上の直線はすべて平面 ABCD と交わらない，つまり平行である。

4 (2) △ABC と △DEF は直角二等辺三角形より，
∠ACB＝∠DFE＝90°
よって，垂直な面は面 CFEB と，底面の面 ABC，面 DEF である。

ここに注意

平面 P に垂直な直線をふくむ平面は，平面 P に垂直である。

(4) 2 つの面が交わってできる直線 BE に垂直な，面 ADEB 上の辺 BA と面 BEFC 上の辺 BC のつくる角を考える。
△ABC は直角二等辺三角形だから，
∠ABC＝(180°－90°)÷2＝45°

20 立体のいろいろな見方

| Step 1 | 解答 | p.82 〜 p.83 |

1

	面の形	面の数	頂点の数	辺の数
正四面体	正三角形	4	4	6
正六面体	正方形	6	8	12
正八面体	正三角形	8	6	12

2 (1) 底面の半径が 5 cm，高さが 3 cm の円柱
(2) 半径が 2 cm の球
(3) 底面の半径が 10 cm，高さが 5 cm の円錐

3 (1) 円錐 (2) 球 (3) 三角錐 (4) 三角柱

4 (1) 正四角錐 (2) 円錐 (3) 正四面体

5 ア…C，イ…F

解き方
1 見取図をかいて，面・頂点・辺について調べる。
別解 辺の数は，面の辺の数×面の数÷2 で求めることもできる。

正八面体では，3×8÷2＝12
頂点の数は，辺の数－面の数＋2
で求めることもできる。
正八面体では，12－8＋2＝6

ここに注意

正多面体では，
面の数－辺の数＋頂点の数＝2
の式が成り立つ。

5 各頂点は，下の図のようになる。

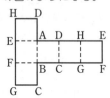

| Step 2 | 解答 | p.84 〜 p.85 |

1 (1) 長方形 (2) 円

2
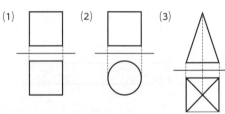
(1) (2) (3)

3 (1) 点カ (2) 点ウ (3) 辺クキ
(4) 辺イウ，クキ，スエ，シオ，サコ，ケコ

4 (1)  (2)
(3)

5 (1) 6π cm (2) 120°

6 (1)(2)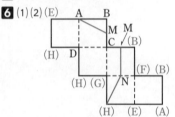

解き方

1 (1)直線 ℓ をふくむ平面で切断すると，右の図のようになる。

(2)直線 ℓ に垂直な平面で切断すると，右の図のようになる。

3 組み立てると，下の図のような見取図になる。

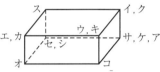

5 (1)側面のおうぎ形の弧の長さは，底面の円の円周と等しくなるので，$2\pi \times 3 = 6\pi$ (cm)

(2)$360° \times \dfrac{6\pi}{2\pi \times 9} = 360° \times \dfrac{1}{3} = 120°$

21 立体の表面積と体積

Step 1 解答	p.86〜p.87

1 (1)30 cm³　(2)90π cm³

2 (1)12π cm　(2)192π cm²　(3)360π cm³

3 (1)32 cm³　(2)8 π cm³

4 表面積…324π cm²，体積…972π cm³

5 (1)240°　(2)90π cm²

6 (1)45πcm³　(2)$\dfrac{20}{3}\pi$ cm³

解き方

1 (1)$\dfrac{1}{2} \times 3 \times 4 \times 5 = 30$ (cm³)

(2)$\pi \times 3^2 \times 10 = 90\pi$ (cm³)

2 (1)側面の横の長さは，底面の円の円周と等しいので，$2\pi \times 6 = 12\pi$ (cm)

(2)$\pi \times 6^2 \times 2 + 12\pi \times 10 = 72\pi + 120\pi = 192\pi$ (cm²)

(3)$\pi \times 6^2 \times 10 = 360\pi$ (cm³)

3 (1)$\dfrac{1}{3} \times 4 \times 4 \times 6 = 32$ (cm³)

(2)$\dfrac{1}{3} \times \pi \times 2^2 \times 6 = 8\pi$ (cm³)

4 表面積は，$4\pi \times 9^2 = 324\pi$ (cm²)

体積は，$\dfrac{4}{3}\pi \times 9^3 = 972\pi$ (cm³)

5 (1)側面のおうぎ形の弧の長さは，

$2\pi \times 6 = 12\pi$ (cm)

よって，側面のおうぎ形は半径 9 cm，弧の長さが 12π cm となるので，中心角は，

$360° \times \dfrac{12\pi}{2\pi \times 9} = 360° \times \dfrac{2}{3} = 240°$

(2)側面のおうぎ形の面積は，

$\pi \times$ 底面の半径 $\times$ 母線の長さ で求められるので，

$\pi \times 6^2 + \pi \times 6 \times 9 = 36\pi + 54\pi = 90\pi$ (cm²)

別解 (1)より，側面のおうぎ形の中心角は 240° なので，$\pi \times 6^2 + \pi \times 9^2 \times \dfrac{240}{360} = 36\pi + 54\pi = 90\pi$ (cm²)

6 (1)底面の半径が 3 cm，高さが 5 cm の円柱となるので，$\pi \times 3^2 \times 5 = 45\pi$ (cm³)

(2)底面の半径が 2 cm，高さが 5 cm の円錐となるので，$\dfrac{1}{3} \times \pi \times 2^2 \times 5 = \dfrac{20}{3}\pi$ (cm³)

Step 2 解答	p.88〜p.89

1 (1)500 cm³　(2)120 cm³　(3)7 cm

(4)8 cm　(5)4 cm　(6)3πx cm²

2 (1)420 cm²　(2)48π cm²　(3)27π cm²

3 (1)4 cm　(2)40π cm²

4 (1)135 cm³　(2)1250π cm³

(3)240π cm³　(4)1104 cm³

5 42π cm³

解き方

1 (1)$50 \times 10 = 500$ (cm³)

(2)$\dfrac{1}{3} \times 45 \times 8 = 120$ (cm³)

(3)高さを h cm として方程式をつくると，

$\dfrac{1}{3} \times \pi \times 6^2 \times h = 84\pi$　$12\pi h = 84\pi$　$h = 7$

よって，円錐の高さは 7 cm。

(4)円錐の母線の長さを R cm として方程式をつくると，

$\pi \times 5^2 + \pi \times 5 \times R = 65\pi$　$5\pi R = 40\pi$　$R = 8$

よって，円錐の母線の長さは 8 cm。

(5)底面の円の半径を r cm として方程式をつくると，

$\dfrac{1}{3} \times \pi \times r^2 \times 6 = 32\pi$　$2\pi r^2 = 32\pi$　$r^2 = 16$

$r \times r = 16$ となるのは，$r = 4$ のときなので，円の半径は 4 cm。

(6) 円錐の側面積は，$\pi \times$底面の半径$\times$母線の長さ
で表せるので，

$\pi \times 3 \times x = 3\pi x$ (cm²)

2 (1) 正四角錐なので，側面積は同じ三角形が 4 つ分
になる。

$10 \times 10 + \dfrac{1}{2} \times 10 \times 16 \times 4 = 100 + 320 = 420$ (cm²)

(2) $\pi \times 4^2 + \pi \times 4 \times 8 = 16\pi + 32\pi = 48\pi$ (cm²)

(3) 半球の表面積は，球の曲面の半分と底面の合計
になるので，

$\dfrac{1}{2} \times 4\pi \times 3^2 + \pi \times 3^2 = 18\pi + 9\pi = 27\pi$ (cm²)

3 (1) 円錐の展開図では，底面の円の円周と側面のお
うぎ形の弧の長さが等しい。底面の半径を r cm
として方程式をつくると，

$2\pi r = 2\pi \times 6 \times \dfrac{240}{360}$ 　$2\pi r = 8\pi$ 　$r = 4$

よって，底面の半径は 4 cm。

(2) $\pi \times 4^2 + \pi \times 4 \times 6 = 16\pi + 24\pi = 40\pi$ (cm²)

4 (1) 右の図のように，直方体
と台形が底面の四角柱に
分ける。

$3 \times 3 \times 5 + (3+6) \times$
$(7-3) \div 2 \times 5$
$= 45 + 90 = 135$ (cm³)

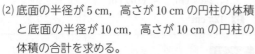

(2) 底面の半径が 5 cm，高さが 10 cm の円柱の体積
と底面の半径が 10 cm，高さが 10 cm の円柱の
体積の合計を求める。

$\pi \times 5^2 \times 10 + \pi \times 10^2 \times 10 = 250\pi + 1000\pi$
$= 1250\pi$ (cm³)

(3) $\pi \times 12^2 \times \dfrac{30}{360} \times 20 = 12\pi \times 20 = 240\pi$ (cm³)

(4) 直方体から台形が底面の四角柱をひく。

$10 \times 12 \times 10 - \{5 + (12-5)\} \times (10-4) \div 2 \times 4$
$= 1200 - 96 = 1104$ (cm³)

5 回転体は右の図のようになる。

$\dfrac{1}{3} \times \pi \times 3^2 \times (6-4) + \pi \times 3^2 \times 4$

$= 6\pi + 36\pi = 42\pi$ (cm³)

22　立体の切断

Step 1　解答　　　　　　　　　　　　p.90 ～ p.91

1 (1) 正三角形
(2) 二等辺三角形
(3) 長方形
(4) 二等辺三角形
(5) ひし形
(6) 台形(等脚台形)
(7) 五角形

2 頂点…16　辺…24　面…10

3 (1) 36 cm³　(2) 108 cm²

4 (1) 4 cm　(2) 125 cm³

解き方

1 切り口はそれぞれ次のようになる。

(1) 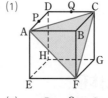　(2)

(3) 　(4)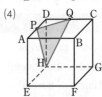

(5) 　(6)

ここに注意

(5) 向かい合う 2 組の辺は平行で，4 つの辺はす
べて長さが等しく，対角線の長さは等しくない
ので，ひし形になる。

(7) 延長して交わる点を利用して求めることができ
る。

① 右上の図のように，PQ，AB，BC を延長し
て交わる点を I，J とする。

② 点 I と点 F は同じ面にあると考えて 2 点を結
び，IF と AE の交点を R とする。

③ ②と同じように，点 J と点 F を結び，JF と
CG の交点を S とする。

④ 5点 F, R, P, Q, S を結ぶ。

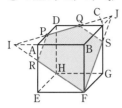

2 1つの頂点を切り取るごとに，頂点は 2，辺は 3，
面は 1 増える。もとの頂点は 8，辺は 12，面は 6
なので，4 つの頂点を切り取ったあとは，

頂点…8＋2×4＝16

辺…12＋3×4＝24

面…6＋1×4＝10

3 (1)切り口は右の図のようになる
ので，点 H をふくむ立体は三
角錐である。

$$\frac{1}{3}\times\frac{1}{2}\times6\times6\times6=36\ (\text{cm}^3)$$

(2)点 H をふくむ立体の表面積は，

$$\frac{1}{2}\times6\times6\times3+\text{切り口の面積}$$

＝54＋切り口の面積 (cm²)

点 H をふくまない立体の表面積は，

6×6×6−54＋切り口の面積

＝162＋切り口の面積 (cm²)

よって，表面積の差は，

(162＋切り口の面積)−(54＋切り口の面積)

＝108 (cm²)

🚨 ここに注意

切り口の面積は等しいので，切り口以外の表面
積から，表面積の差を求めることができる。

4 (1)切断したあとにできる立体では，向かい合う辺
の和が等しくなるので，AP＋HR＝DS＋EQ
よって，3＋7＝6＋EQ　EQ＝4 (cm)

(2)右の図のように，切断したあ
とにできる立体と同じ立体を，
逆向きにくっつけると直方体
になる。そのときの高さは，
(1)の向かい合う辺の和になる
ので，

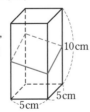

$$5\times5\times(3+7)\times\frac{1}{2}=125\ (\text{cm}^3)$$

1 (1)辺 AE，DH，EF，GH　(2)60°　(3)正方形

2 (1)面**ウ**，**オ**　(2)面**カ**

3 (1)12 cm²　(2)36π cm²　(3)3 cm

4 (1)$\frac{25}{2}$ cm　(2)11 cm

5 (1)32 cm³　(2)24π cm³

6 (1)60°

(2)右の図

※――はひもが通っている線

(3)18 cm

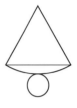

解き方

1 (2)△DEG を考えると，DE，EG，DG は長さが等
しいので，正三角形となる。よって，
∠DEG＝60°

(3)右の図のように，辺 BF 上の点
P を通るように切ると，△ACP
は二等辺三角形である。3 点 A，
C，F を通る平面で切ると，
△ACF は正三角形である。

また，辺 EF，FG の上の点 Q，
R を通るように切ると，四角形
AQRC は台形である。4 点 A，E，
G，C を通る平面で切ると，四
角形 AEGC は長方形である。

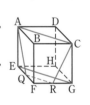

したがって，切り口として実際にはできないの
は正方形である。

2 (1)辺 AB をふくまない面の中から
辺 AB に平行なものを答える。
右の図のように面**ウ**を底面にし
て見取図をかくと，**ウ**，**オ**が辺
AB に平行であることがわかる。

(2)面**エ**を底面にして立方体を
組み立てると，面**イ**と向か
い合う面は**カ**であることが
わかる。

3 (1)底面積を x cm² として，方程式をつくる。

$$\frac{1}{3}\times x\times15=60\quad x=12$$

(2)底面の円の半径を r cm として，方程式をつくる。

$$2\pi r=2\pi\times16\times\frac{45}{360}\quad r=2$$

よって，底面の半径は 2 cm なので，表面積は，

$$\pi\times2^2+\pi\times2\times16=4\pi+32\pi=36\pi\ (\text{cm}^2)$$

(3) 半球の半径を r cm として方程式をつくると,

$4\pi r^2 \div 2 + \pi r^2 = 27\pi$　$r^2 = 9$

$r \times r = 9$ となるのは $r = 3$ のときなので, 半球の半径は 3 cm。

4 (1) 最初の容器に入っている水の体積は,

$\pi \times 5^2 \times 8 = 200\pi$ (cm³)

移した容器の底面積は, $\pi \times 4^2 = 16\pi$ (cm²)

よって, 移したあとの深さは,

$200\pi \div 16\pi = \dfrac{25}{2}$ (cm)

(2) 水面が何 cm 上がったかは, 増えた体積 ÷ 容器の底面積　で求められる。

球の体積は, $\dfrac{4}{3}\pi \times 3^3 = 36\pi$ (cm³)

容器の底面積は, $\pi \times 6^2 = 36\pi$ (cm²)

上がった水面は, $36\pi \div 36\pi = 1$ (cm)

よって, 球を入れたあとの深さは, $10 + 1 = 11$ (cm)

5 (1) 右の図のように, 四角錐と直方体に分ける。

$\dfrac{1}{3} \times 2 \times 2 \times (12-6) + 2 \times 2 \times 6$

$= 8 + 24 = 32$ (cm³)

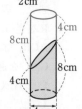

(2) 同じ立体を逆向きにくっつけると, 右の図のような円柱になるので,

$\pi \times 2^2 \times (4+8) \times \dfrac{1}{2} = 24\pi$ (cm³)

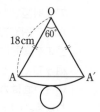

6 (1) 側面の展開図のおうぎ形の弧の長さは, 底面の円周と等しいので, $2\pi \times 3 = 6\pi$ (cm)

よって, 中心角は,

$360° \times \dfrac{6\pi}{2\pi \times 18} = 360° \times \dfrac{1}{6} = 60°$

(3) 右の図の △OAA′ は

∠AOA′ = 60° より, 正三角形である。

よって, AA′ = OA = 18 cm

Step 3 ②　解答　p.94 〜 p.95

1 ウ

2 (1) 辺 CD　(2) 3 つ　(3) 19 cm

3 25 cm³

4 112π cm³

5 36 cm³

6 3 杯分（ばいぶん）

7 (1)　　　　　　　　　　(2) 16 cm³

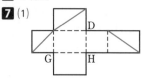

解き方

1 ア 1 つの平面を P, 平行な 2 つの直線を ℓ, m とすると, 右の図のような場合が考えられる。

イ 1 つの平面を P, 垂直な 2 つの平面を Q, R とすると, 右の図のような場合が考えられる。

エ 1 つの直線に垂直な 2 つの平面は平行になる。

2 (2) 辺 AB と交わらず, 平行でない辺は, 辺 CF, DF, EF の 3 つある。

(3) 辺 AB とねじれの位置にある辺は, 辺 CG, DH, EH, FG, HG の 5 本あるから,

CG + DH + EH + FG + HG

$= 4 + 4 + 6 + 2 + 3 = 19$ (cm)

3 高さが 2 cm の三角柱になるから,

$\dfrac{1}{2} \times 5 \times 5 \times 2 = 25$ (cm³)

4 1 回転させてできる立体は右の図のようになる。

底面の半径が 4 cm, 高さが 8 cm の円柱から, 底面の半径が 2 cm, 高さが 4 cm の円柱の体積をひいて求める。

$\pi \times 4^2 \times 8 - \pi \times 2^2 \times 4 = 128\pi - 16\pi = 112\pi$ (cm³)

5 底面が四角形 BCDE で高さが 3 cm の四角錐（しかくすい）2 つ分の体積になる。四角形 BCDE は右の図のようになるので, 立方体の正方形の半分の面積になる。

$\left(\dfrac{1}{3} \times \dfrac{1}{2} \times 6 \times 6 \times 3\right) \times 2 = 36$ (cm³)

6 容器 A の容積は，$\dfrac{4}{3}\pi \times r^3 \times \dfrac{1}{2} = \dfrac{2}{3}\pi r^3$

容器 B の容積は，$\pi \times r^2 \times 2r = 2\pi r^3$

$2\pi r^3 \div \dfrac{2}{3}\pi r^3 = 3$ となるので，3 杯分。

7 (1) 展開図に他の頂点を書
きこむと右の図のよう
になる。

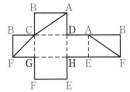

(2) △BCF を底面，辺 AB を高さと考えて，

$\dfrac{1}{3} \times \dfrac{1}{2} \times 4 \times 4 \times 6 = 16 \,(\text{cm}^3)$

23 データの整理

Step 1 解答   p.96 ～ p.97

1 (1) **1.16 m**

(2) **3.50 m 以上 3.75 m 未満の階級**

(3)

階級(m)	度数(人)	累積度数(人)
以上　　 未満		
2.75 ～ 3.00	2	2
3.00 ～ 3.25	8	10
3.25 ～ 3.50	15	25
3.50 ～ 3.75	8	33
3.75 ～ 4.00	6	39
4.00 ～ 4.25	1	40
計	40	

2 (1)(2)

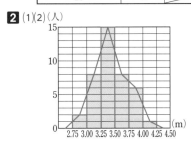

3 (1) **6 点**   (2) **7 点**   (3) **6.24 点**

4

階級(m)	度数(人)	相対度数	累積相対度数
以上　　 未満			
145～150	3	0.15	0.15
150～155	4	0.20	0.35
155～160	6	0.30	0.65
160～165	5	0.25	0.90
165～170	2	0.10	1.00
計	20	1.00	

解き方

1 (1) 最大値は 4.02 m，最小値は 2.86 m だから，範囲
は，4.02－2.86＝1.16 (m)

(2) 3.50 以上は 3.50 が入るので，3.50 m 以上 3.75 m
未満の階級に属する。

(3) 度数は，それぞれの階級について何人いるか調
べるのではなく，それぞれのデータについてど
の階級に属するのかを正の字などを書いて調べ
るのがよい。

2 (2) ヒストグラムの長方形の上の辺の中点を順に結
んでつくる。

3 (1) 25人の中で13番目の数値が中央値になる。13番目は6点に属するので，中央値は6点。

(2) 人数がいちばん多いのは7点の7人。

(3) 平均値は 合計点÷人数の和 だから，

$(3×2+4×3+5×3+6×5+7×7+8×2+9×2+10×1)÷25$

$=(6+12+15+30+49+16+18+10)÷25$

$=156÷25=6.24$（点）

4 相対度数＝各階級の度数÷度数の合計 だから，

145cm以上150cm未満の階級の相対度数は，

$3÷20=0.15$

同様に他の階級も求める。

累積相対度数は階級の小さいほうから順にたしていく。150cm以上155cm未満の階級の累積相対度数は，$0.15+0.20=0.35$

同様に他の階級も求める。

Step 2 解答　　　　　　　　　　　p.98〜p.99

1 (1) $a=8$　(2) 40%　(3) 155cm

2 (1)

階級(cm)	度数(人)	累積度数(人)
以上　未満		
30〜35	2	2
35〜40	5	7
40〜45	3	10
45〜50	6	16
50〜55	4	20
計	20	

(2) 0.15　(3) 44cm

3 (1) 50人　(2) 24%　(3) 15.64m

4 (1) ア…0.10, イ…6, ウ…10, エ…0.15

(2) (上から) 0.05, 0.15, 0.30, 0.60, 0.85, 1.00

(3) 45%

解き方

1 (1) $a=40-(2+14+12+4)=8$

(2) 160cm以上の生徒は，$12+4=16$（人）

よって，$16÷40×100=40$（%）

(3) 度数分布表から最頻値を求めるときは，度数が最も多い階級の階級値を最頻値とする。度数が最も多いのは150cm以上160cm未満の階級だ

から，その階級値155cmが最頻値である。

2 (2) $3÷20=0.15$

(3) データの総数が偶数のときは，中央にある2つの値の平均を中央値とする。10番目は43cm，11番目は45cmなので，中央値は

$(43+45)÷2=44$（cm）

3 (1) $2+5+7+13+11+8+4=50$（人）

(2) 18m以上投げた生徒は，$8+4=12$（人）

よって，$12÷50×100=24$（%）

(3) 度数分布表では，平均値

$=\dfrac{(階級値×度数)の合計}{度数の合計}$

階級値と度数をまとめると次の表のようになる。

階級(m)	階級値(m)	度数(人)
以上　未満		
8〜10	9	2
10〜12	11	5
12〜14	13	7
14〜16	15	13
16〜18	17	11
18〜20	19	8
20〜22	21	4

$(9×2+11×5+13×7+15×13+17×11+19×8+21×4)$

$÷50=(18+55+91+195+187+152+84)÷50$

$=782÷50=15.64$（m）

4 (1) ア…$4÷40=0.10$　イ…$40×0.15=6$

ウ…$40×0.25=10$　エ…$6÷40=0.15$

(3) 60点以上80点未満の相対度数の和は，

$0.15+0.30=0.45$

よって，$0.45×100=45$（%）

Step 3 解答　　　　　　　　　　p.100〜p.101

1 (1) ア…152.5, イ…6　(2) 15人　(3) 160.5cm

2 (1) 19人　(2) 0.18　(3) 8.0点　(4) 6.1点

3 (1) 0.15

(2) 中央値が入っている階級は，農家Aが360g以上380g未満，農家Bが380g以上400g未満であり，農家Bのほうが中央値が大きい

解き方

1 (1) ア…$(150.0+155.0)÷2=152.5$

イ…$20-(1+4+4+3+2)=6$

(2) 155cm以上の生徒の数は，

$20-(1+4)=15$（人）

(3) (階級値×度数) の合計が 3210.0 だから，

　　$3210.0 \div 20 = 160.5 \ (\text{cm})$

2 (1) $1+(4+1)+(3+2)+(3+2+1)+(1+1)$

　　$=1+5+5+6+2=19 \ (人)$

(2) 英語が 8 点の人は 9 人だから，相対度数は，

　　$9 \div 50 = 0.18$

(3) 数学が 8 点以上の生徒の英語の平均点は，

　　$(10 \times 2 + 9 \times 6 + 8 \times 5 + 7 \times 5 + 6 \times 3) \div (8 + 10 + 3)$

　　$=(20 + 54 + 40 + 35 + 18) \div 21$

　　$=167 \div 21 = 7.95\cdots(点) \rightarrow 8.0 \ 点$

(4) 英語が 6 点以下の生徒の数学の平均点は，

　　$(4 \times 3 + 5 \times 4 + 6 \times 3 + 7 \times 5 + 8 \times 2 + 9 \times 1)$

　　$\div (11 + 6 + 1)$

　　$=(12 + 20 + 18 + 35 + 16 + 9) \div 18$

　　$=110 \div 18 = 6.11\cdots(点) \rightarrow 6.1 \ 点$

3 (1) 農家 A の 380 g 以上 400 g 未満の階級の度数は

　　18 本だから，$18 \div 120 = 0.15$

総仕上げテスト

解答　　　　　　　　　　　　　　　　　p.102 ～ p.104

❶ (1) 44　(2) $-\dfrac{4}{5}$　(3) $10x-2$　(4) $\dfrac{3x+11}{20}$

❷ (1) ① 2，4　② -3，4　(2) 18　(3) $x=\dfrac{16}{3}$

　　(4) $a=6$　(5) 33 人　(6) 5000 円

❸ (1) $y=-\dfrac{1}{2}x$　(2) $x=\dfrac{3}{2}$　(3) $y=-3$

　　(4) $a=-4$，$b=-2$

❹ $a=18$

❺

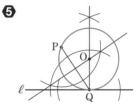

❻ 辺 CE

❼ 24 倍

❽ $12\pi \ \text{cm}^3$

❾ $108\pi \ \text{cm}^2$

❿ (1) エ　(2) 20 %

解き方

❶ (1) $5 \times (-3)^2 + (-2^2) \div 4 = 5 \times 9 + (-4) \div 4$

　　$=45 - 1 = 44$

(2) $-\dfrac{2}{5} \times \left(-\dfrac{1}{3}\right) \div \dfrac{2}{3} - 1 = -\dfrac{2}{5} \times \left(-\dfrac{1}{3}\right) \times \dfrac{3}{2} - 1$

　　$=\dfrac{1}{5} - 1 = -\dfrac{4}{5}$

(3) $7 + 12\left(\dfrac{5}{6}x - \dfrac{3}{4}\right) = 7 + 10x - 9$

　　$=10x - 2$

(4) $\dfrac{2x-1}{5} - \dfrac{x-3}{4} - \dfrac{4(2x-1)-5(x-3)}{20}$

　　$=\dfrac{8x-4-5x+15}{20}$

　　$=\dfrac{3x+11}{20}$

❷ (2) $10 - 12a$ に $a=-\dfrac{2}{3}$ を代入して，

　　$10 - 12 \times \left(-\dfrac{2}{3}\right) = 10 + 8 = 18$

(3) $2(x+3) = 5(x-2)$　$2x+6 = 5x-10$

　　$-3x = -16$　$x = \dfrac{16}{3}$

(4) $ax + 3 = 8x - 7$ に $x=5$ を代入して，

　　$5a + 3 = 8 \times 5 - 7$　$5a = 30$　$a = 6$

(5) このクラスの人数を x 人として，材料費についての方程式をつくると，

$300x + 1300 = 400x - 2000$

$-100x = -3300$　$x = 33$

よって，クラスの人数は 33 人。

(6) 原価を x 円として，売り値についての方程式をつくると，

$x \times (1+0.3) \times (1-0.2) = x + 200$

$0.04x = 200$　$x = 5000$

よって，原価は 5000 円。

❸ (1) 比例定数は $-4 \div 8 = -\dfrac{1}{2}$ だから，$y = -\dfrac{1}{2}x$

(2) 比例定数は $12 \div (-3) = -4$ だから，$y = -4x$

また，$y = -6$ のとき，$-6 = -4x$　$x = \dfrac{3}{2}$

(3) 比例定数は $6 \times (-4) = -24$ だから，$y = -\dfrac{24}{x}$

また，$x = 8$ のとき，$y = -\dfrac{24}{8} = -3$

(4) 比例定数は $4 \times (-3) = -12$ だから，$y = -\dfrac{12}{x}$

また，$x = 3$ のとき，$y = -\dfrac{12}{3} = -4$

$x = 6$ のとき，$y = -\dfrac{12}{6} = -2$

よって，y の変域は $-4 \leqq y \leqq -2$ となるので，

$a = -4$，$b = -2$

❹ 点 A は $y = 2x$ 上の点で，y 座標が 6 なので，

x 座標は，$6 = 2x$　$x = 3$

$y = \dfrac{a}{x}$ も点 A(3, 6) を通るので，比例定数 a は，

$3 \times 6 = 18$

❺ 直線 ℓ 上の点 Q を通る垂線と，線分 PQ の垂直二等分線の交点 O が円の中心である。半径 OQ の円をかく。

❻ 展開図を組み立てると，右の図のようになるので，辺 AB とねじれの位置にあるのは，辺 CE である。

❼ 正四角錐の底面の 1 辺の長さを 1 とすると，高さも 1 である。このとき，正四角錐の体積は，

$\dfrac{1}{3} \times 1 \times 1 \times 1 = \dfrac{1}{3}$

立方体の高さは正四角錐の高さの 2 倍だから，立方体の 1 辺の長さは 2 である。

よって，立方体の体積は，$2 \times 2 \times 2 = 8$

$8 \div \dfrac{1}{3} = 8 \times 3 = 24$ (倍)

❽ 回転体の見取図をかくと，右の図のような円柱と円錐ができる。よって，その体積は，円柱の体積＋円錐の体積　だから，

$\pi \times 3^2 \times 1 + \dfrac{1}{3} \times 3^2 \times (2-1) = 9\pi + 3\pi = 12\pi$ (cm^3)

❾ 表面積＝曲面部分＋平面部分　だから，

$4\pi \times 6^2 \div 2 + \pi \times 6^2 = 108\pi$ (cm^2)

❿ (1) 最頻値は 5 人の 6 冊。中央値は 10 番目と 11 番目は両方とも 5 冊なので，5 冊。平均値は，

$(2 \times 1 + 3 \times 3 + 4 \times 4 + 5 \times 3 + 6 \times 5 + 7 \times 3 + 9 \times 1) \div 20$

$= (2 + 9 + 16 + 15 + 30 + 21 + 9) \div 20 = 102 \div 20$

$= 5.1$ (冊)

よって，あてはまるのは**エ**である。

(2) 7 冊以上の生徒は，$3 + 1 = 4$ (人)

よって，$4 \div 20 \times 100 = 20$ (%)